KB028363

# 집밥 수업

한 번 알아두면 평생 써먹는

# 집밥 수업

이윤정(홈퀴진) 지음

빅피시
BIG FISH

# 프롤로그

요리 홈페이지 '홈퀴진'을 운영하는 이윤정입니다. 제 레시피를 접하신 분 중에는 제 블로그 이름이었던 이윤정으로 기억하는 분도 있고, 홈페이지로 옮긴 후에는 홈퀴진이 익숙한 분도 있을 테지요. 블로그에서부터 홈페이지에 이르기까지, 레시피 작업을 시작한 지도 어느덧 만 10년이 되었습니다.

10년간 제가 올린 작업물을 살펴보니 레시피는 2,000개 이상, 페이지뷰는 1,500만 회를 훌쩍 넘는 숫자였습니다. 처음에는 이 작업이 이렇게 오랜 기간 이어질 거라고 생각하지 못했어요. 그저 기록용으로 올리기 시작했던 글이 언제부터인지 길고 자세해지며 레시피의 정답을 찾는 데 집중하고 있었습니다. 글 하나하나에 진심을 담아서일까요? 어느새 글을 올리는 것이 자연스러워지며 지금에 이르렀습니다.

제 레시피를 보고 요리하는 분들이 저와 같은 실수를 하지 않기 바라며 실패를 기록하는 일도 많았습니다. 다양한 요리를 계속 업데이트하며 저만의 노하우를 곁들이기도 하고요. 그래 왔던 10년의 자취가 운 좋게도 출간으로 이어지게 되었습니다.

이 책의 담당 편집자는 제게 종종 이렇게 말하곤 합니다.

"작가님은 요리하는 과학자 같아요."

양념을 구성하고 배합하다가도 염도를 계산하는 저를 보고 생각난 비유라고 합니다. 긴 시간 동안 요리 과정을 기록하다 보니 음식의 적정한 간을 찾는 게 얼마나 중요한 일인지 알게 되었습니다. 그래서 염도 계산은 제게 필수가 되었지요. 레시피를 만들 때 우선 염도를 계산해놓고, 음식을 만들며 간을 여러 번 보고 나서 미리 생각했던 염도와의 차이를 고려합니다. 마지막으로 적정한 염도를 찾아 수치화해서 레시피로 기록하는 작업은 제가 레시피를 만들 때마다 거치는 과정입니다. 양념이 저마다 가진 고유의 맛이 다르고 깊은 맛, 감칠맛에도 차이가 있어 이것을 잘 조합하는 것도 제 일 중에 하나입니다. 어떨 때는 과감하게 조미료를 사용하기도 하고, 어떨 때는 최소한의 양념만을 사용하는 것도 시도해보곤 합니다. 꼭 필요한 재료를 꼭 맞는 자리에 써서 기분 좋게 맛있는 맛을 찾으려고 노력했습니다.

그러다 보니 다른 책에 비해 양념 개수가 많아 보이거나 세세한 저울 계량 때문에 깐깐해 보이기도 할 거예요. 하지만 매일 해 먹는 집밥인 만큼 특별한 재료를 사용하지 않았습니다. 음식에 관심을 가지다 보면 자연스럽게 눈에 들어오는 피시소스나 굴소스 등을 추가한 정도이니 익숙해지면 어렵지 않게 완성할 수 있을 거예요.

요리책 출간을 고려하는 동안 사진을 예쁘게 다시 찍자는 권유를 받은 적이 여러 차례 있었습니다. 여태껏 제가 찍은 음식 사진에는 그날그날의 식사를 그릇에 담고 밥상에 올려 가족들을 기다리는 날것 그대로의 집밥이 담겨 있습니다. 그릇 욕심이 없어 몇 없는 그릇으로 찍은 집밥 사진이지만, 저를 아는 분이라면 익숙한 장면이기도 합니다. 저는 잘 차려 담은 음식으로 사진을 찍기보다 수많은 요리 중에 책에 들어갈 핵심적인 요리를 골라 다시 만들고 검증하는 과정에 더 집중했습니다. 예쁜 그릇에 담음새가 보기 좋은 사진을 찍고 난 이후에도 저는 여전히 지금과 같은 그릇과 같은 밥상에서 집밥을 기록할 테니까요. 그 대신, 제게는 너무나 익숙한 음식이더라도 처음부터 다시 한 번 재료를 쌓아가며 만든 레시피 안에 제가 할 수 있는 모든 걸 담았습니다.

책을 훑어보면 메뉴가 평범하고 친숙하다는 생각이 들 텐데요, 보통의 집밥은 가장 가까이에 있는 음식부터 시작한다고 생각해서 엮은 메뉴입니다. 냉장고에 있는 재료로 무엇을 만들지 고민하거나 장을 보면서 당장 떠오르는 한식 메뉴야말로 집밥의 시작이니까요. 외국 요리도 충분히 집밥이 될 수 있지만, 가장 익숙한 음식을 맛있게 만들 수 있게 되는 때 진정 요리의 국적을 막론하고 음식을 맛있게 만드는 감각이 생긴다고 생각합니다. 여러분의 밥상을 준비하는 과정에서 '집밥 수업'이라는 타이틀이 붙은 제 책이 조금이나마 참고가 되었으면 좋겠습니다.

레시피를 찾고자 하면 수많은 양질의 정보가 넘치는 요즘 시대에 저의 자그마한 공간에서 인사를 나눈 것도 인연이고, 책을 통해 이 글을 읽는 분을 만나게 된 것도 큰 행운입니다. 제가 할 수 있는 최선을 담았습니다. 주방 한편에 놓인 책으로, 또 여태 그래 왔던 것처럼 휴대폰 안의 재잘거림으로 만나 뵙겠습니다. 레시피를 읽는 모든 분께 감사의 마음을 전합니다.

홈퀴진 이윤정

목차



PART 1

반찬이 필요 없는 별미

## 한 그릇 음식

PART 2

팬으로 만드는 입맛 도는 곁들임

# 반찬



PART 3

보글보글 끓여서 뜨끈하게 먹는

# 국 & 찌개 & 찜

PART
4

외식 대신 집에서 만들어 먹는 우리 집 자랑

# 일품 요리

PART 5

식탁 위의 푸짐한 주인공

# 전골 & 탕

알아두면 평생 써먹는

# 김치 & 장아찌

# 홈퀴진표 집밥 가이드

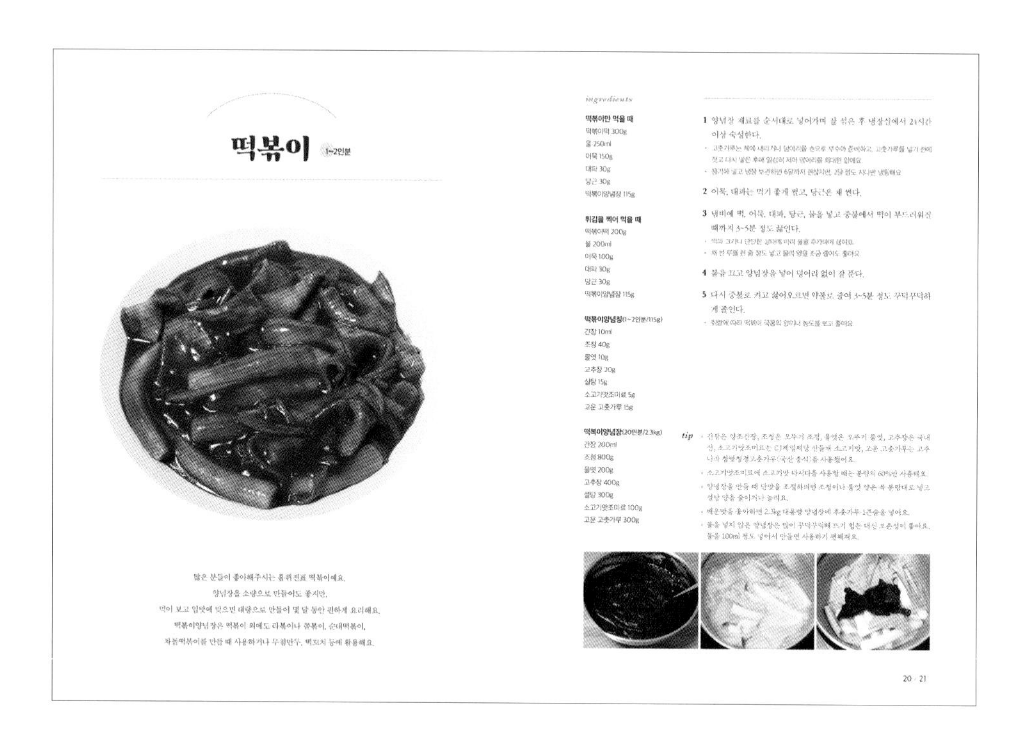

떡볶이 1~2인분

많은 분들이 좋아해주시는 홈퀴진표 떡볶이예요.
양념장을 소량으로 만들어도 좋지만,
먹어 보고 입맛에 맞으면 대량으로 만들어 몇 달 동안 편하게 요리해요.
떡볶이양념장은 떡볶이 외에도 라볶이나 쫄볶이, 순대떡볶이,
차돌떡볶이를 만들 때 사용하거나 무침만두, 떡꼬치 등에 활용해요.

*ingredients*

**떡볶이만 먹을 때**
떡볶이떡 300g
물 250ml
어묵 150g
대파 30g
당근 30g
떡볶이양념장 115g

**튀김을 찍어 먹을 때**
떡볶이떡 200g
물 200ml
어묵 100g
대파 30g
당근 30g
떡볶이양념장 115g

**떡볶이양념장**(1~2인분/115g)
간장 10ml
조청 40g
물엿 10g
고추장 20g
설탕 15g
소고기맛조미료 5g
고운 고춧가루 15g

**떡볶이양념장**(20인분/2.3kg)
간장 200ml
조청 800g
물엿 200g
고추장 400g
설탕 300g
소고기맛조미료 100g
고운 고춧가루 300g

1 양념장 재료를 순서대로 넣어가며 잘 섞은 후 냉장실에서 24시간 이상 숙성한다.

2 어묵, 대파는 먹기 좋게 썰고, 당근은 채 썬다.

3 냄비에 떡, 어묵, 대파, 당근, 물을 넣고 중불에서 떡이 부드러워질 때까지 3~5분 정도 끓인다.

4 불을 끄고 양념장을 넣어 덩어리 없이 잘 푼다.

5 다시 중불로 켜고 끓어오르면 약불로 줄여 3~5분 정도 꾸덕꾸덕하게 졸인다.

*tip*
- 간장은 양조간장, 조청은 오뚜기 조청, 물엿은 오뚜기 물엿, 고추장은 국내산, 소고기맛조미료는 CJ제일제당 산들애 소고기맛, 고운 고춧가루는 고추나라 참맛청결고춧가루(국산 홍식)를 사용했어요.
- 소고기맛조미료에 소고기맛 다시다를 사용할 때는 분량의 60%만 사용해요.
- 양념장을 만들 때 단맛을 조절하려면 조청이나 물엿 양은 꼭 분량대로 넣고 설탕 양을 줄이거나 늘려요.
- 매운맛을 좋아하면 2.3kg 대용량 양념장에 후춧가루 1큰술을 넣어요.
- 물을 넣지 않은 양념장은 많이 꾸덕꾸덕해 쓰기 힘든 대신 보존성이 좋아요. 물을 100ml 정도 넣어서 만들면 사용하기 편해져요.

20 · 21

### 자세한 불 조절법

불이 세서 요리를 태우거나 혹은 불이 약해서 음식이 흥건해진 적이 있지 않나요? 그래서 과정마다 어떤 불로 조리해야 하는지 자세하게 적었어요. 불 세기가 없는 과정은 앞의 과정과 동일한 불 세기로 요리하면 돼요.

### 과정마다 정확한 조리 시간

볶고 끓이고 조리라고 설명하면 얼마나 가열해야 하는지 궁금한 적이 있을 거예요. 조리 시간은 음식 맛을 좌우하기도 하니 과정마다 조리 시간을 표기했어요. 물론 각 가정의 화력에 따라 조금 차이는 있지만 큰 오차 없이 비슷하게 완성할 수 있어요.

### 맛으로 승부하는 양념 배합

다른 요리에 비해 양념 개수가 많아 보이지만 잘 보면 모두 집에 가지고 있는 재료예요. 간장 하나로만 간하지 않고 피시소스를 추가하는 등 맛이 깊어질 수 있도록 양념의 밸런스를 맞췄어요.

### 1회분 양념에 대용량 양념은 보너스

많은 분께 사랑받은 요리는 대용량 양념장 계량을 함께 써놓았어요. 한 번 만들어보고 맛있으면 대용량 양념장을 만들어보세요. 보관 기간도 길어 몇 달 동안 요리가 편해져요.

# 계량과 불 조절

언제나 일정한 맛의 음식을 만들려면 매번 동일한 계량이 꼭 필요하고,
똑같은 음식이라도 양념이 더 잘 스며들어 맛깔스럽게 완성하려면 불 조절을 잘해야 해요.
처음에는 번거로울 수 있지만 이 두 가지는 음식 맛을 좌우하는 기본입니다.

## 계량

이 책의 모든 레시피는 계량스푼과 계량컵으로 계량했고, 대용량 액체는 컵 대신 ml로 표기했어요.

| 계량스푼 | 계량컵 |
|---|---|
| 1큰술=15g/15ml | 1컵=200g/200ml |
| 0.5큰술=7.5g/7.5ml | 0.5컵=100g/100ml |
| 1작은술=5g/5ml=0.3큰술 | |

## 불 조절

재료나 양념, 음식 종류에 따라 불 조절만 잘해도 음식 맛이 훨씬 좋아져요. 가스불과 인덕션 모두 동일합니다.

| 약간 센 불=인덕션 7~8 | 중불=인덕션 4~6 | 약불=인덕션 1~3 |
|---|---|---|
| 재빨리 볶거나 국물을 빠르게 끓어오르게 할 때 사용해요. | 오래 끓이거나 재료를 추가해서 타지 않게 볶을 때 사용해요. | 국물 요리를 뭉근히 끓이거나 조릴 때 주로 사용해요. |

# 음식에 맛을 더하는 필수 식재료

이 책의 요리를 만들 때 필요한 양념 재료와 제가 주로 쓰는 제품을 소개합니다.
집에 있는 재료라면 그것을 사용하고, 저와 같은 맛을 내고 싶다면
양념을 다 쓴 후 새로 구매할 때 참고하세요.

### 간장

국간장을 제외한 나머지 간장은 양조간장이나 진간장을 사용했어요. 양조간장은 질소 함량에 따라 나누어 놓은 제품(501, 507 등의 숫자가 쓰인 것)도 있는데 구분 없이 사용해도 되지만, 숫자가 높은 것이 더 좋아요.

### 된장

된장은 마트에서 쉽게 구할 수 있는 제품을 써도 되는데 저는 일관적인 맛을 내기 위해 일정한 제품을 사용해요. 마트에서 파는 샘표 백일된장, 온라인숍에서 파는 업소용 된장인 태화식품 범일콩된장을 사용합니다.

### 고추장

고추장은 가지고 있는 어떤 것이라도 상관없지만 최대한 국산 재료가 많이 포함된 것을 고르면 좋아요. 고추장이 많이 쓰이는 떡볶이양념장(20쪽)에는 이마트 우리쌀우리보리고추장을 사용했어요.

### 고춧가루

고춧가루는 너무 맵거나 싱거운 것만 아니라면 어느 것이든 좋아요. 다만 재료에 고운 고춧가루라고 표기된 것은 꼭 곱게 빻은 고추장용 고춧가루를 사용해야 하는데, 입자의 크기가 양념이나 국물의 농도에 영향을 주기 때문이에요. 고춧가루는 일반 고춧가루와 고운 고춧가루 두 가지를 구비해 놓으면 편리합니다. 제가 사용하는 고운 고춧가루는 고추나라 참맛청결고춧가루(국산 중식)입니다.

**사골육수**

요즘은 다양한 시판 육수가 많아 요리하기 편해요. 사골육수나 멸치육수를 비롯해 각종 육수가 농축된 제품이나 육수 그대로인 액체 형태로 나와 있어 음식에 따라 골라 쓰면 됩니다. 저는 시판 사골 육수 중에서 CJ제일제당 비비고 사골곰탕을 사용합니다.

**조미료**

조미료는 특정 음식에 소량 사용하면 음식의 감칠맛과 풍미를 높여 꽉 찬 맛을 느끼게 해줘요. 이 책에서는 소고기맛조미료와 조개맛조미료를 사용했는데, 두 가지 모두 원재료에 중국산이 최대한 적은 것을 고르면 좋아요. 소고기맛조미료는 CJ제일제당 산들애 한우, 조개맛조미료는 CJ제일제당 다시다 조개를 사용했어요.

**맛술**

맛술은 술을 요리에 넣기 좋게 가공한 제품으로 맛술에 포함된 알코올이 식재료나 음식의 냄새를 휘발해줘요. 맛술에는 꼭 알코올이 들어 있어야 제 역할을 하니 꼭 알코올 도수를 확인하고 구매해요.

**피시소스**

피시소스나 액젓은 마트에서 흔히 파는 제품보다는 비린 맛이 적은 제품을 고르면 모든 음식에 다 잘 어울려요. 액젓은 비린내가 적은 고급 액젓이 좋고, 피시소스는 동남아에서 생산하는 제품을 선택해요. 국내에서 구매할 수 있는 피시소스 중에서는 친수피시소스와 삼게피시소스를 추천합니다.

# 국물에 깊은 맛을 내는 육수

요리 할 때 물 대신 육수를 쓰면 음식의 깊은 맛이 살아나요.
이 책에서는 주로 멸치황태육수와 멸치를 빼고 끓인 황태육수, 황태를 빼고 끓인 멸치육수를 사용했어요.
전복이 들어간 요리에는 전복내장으로 진한 육수를 만들어 쓰면 전복을 남김없이 먹을 수 있어요.

## 멸치황태육수 & 황태육수 & 멸치육수

여러 음식에 두루 사용하는 기본 육수예요. 찌개나 조림에는 멸치를 함께 우려낸 멸치황태육수를 사용하고, 고기가 들어간 음식에 감칠맛을 더할 때나 김치나 멸치 맛이 추가되지 않는 것이 좋은 음식에는 멸치를 빼고 끓인 황태육수를 사용해요. 물김치에는 황태와 멸치를 빼고 끓인 채소다시마육수를 사용하면 좋아요.

**멸치황태육수**
물 2500ml
멸치 2줌(혹은 청어새끼, 디포리)
황태채 1줌
대파 1대
무 1/10개(두께 2cm)
다시마 1개(10x10cm)
건표고버섯 3개

*황태육수를 만들 때는 멸치를 빼요.
*멸치육수를 만들 때는 황태를 빼요.

1 멸치는 내장을 제거한다.
2 냄비에 물, 나머지 재료를 모두 넣고 1~2시간 정도 그대로 우린다.
3 센 불에서 끓어오르면 중불로 줄여 40분간 끓인다.
4 끓인 그대로 완전히 식히고 체에 걸러 육수만 남긴다.
5 용기에 담아 냉장 보관해 3일 내로 사용한다.

*tip*
- 멸치황태육수가 없을 때는 청우 만능멸치육수나 CJ제일제당 산들애 멸치다시마육수나 멸치다시다, 시판 멸치육수 티백 등으로 대체할 수 있어요.
- 무, 대파는 냉동했다가 사용해도 괜찮아요.
- 육수를 냉동할 때는 냉동실 공간을 덜 차지하게 하기 위해서 물의 양을 줄이고 진한 육수를 끓여 냉동한 후 물을 희석해서 사용해요.

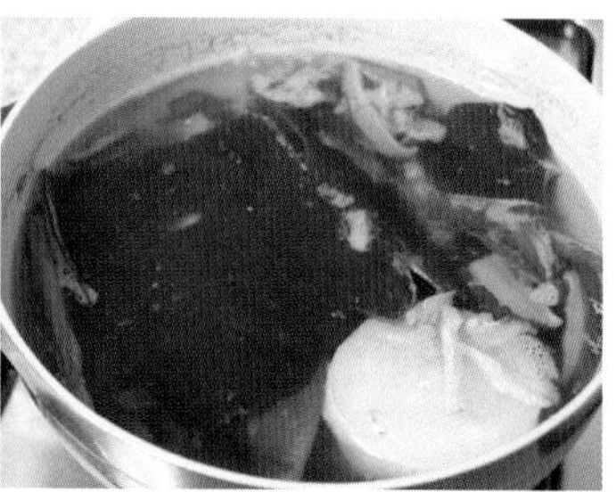

## 전복육수

전복으로 죽이나 전복밥, 파스타 등을 만들 때는 전복육수가 필요해요. 전복을 손질하고 살과 내장을 분리한 후 내장을 볶아 황태육수를 넣고 끓여서 만들어요. 살은 볶거나 삶아서 요리에 사용해요.

황태육수 1000ml(16쪽)
전복 10미(1kg)
참기름 2큰술

### 전복 손질

**1** 전복은 솔로 구석구석 깨끗이 씻는다.

**2** 내장이 없는 쪽에 작은 칼을 넣어 숟가락이 들어가도록 칼집을 내고, 숟가락을 넣어 껍질을 힘껏 분리한다.

- 숟가락을 바로 넣으면 뭉툭해서 잘 안 들어가고, 칼로만 분리하면 전복살이 떨어져 나가거나 내장이 터질 수 있으니 둘 다 사용해요.

**3** 내장이 터지지 않게 살과 내장을 조심히 분리하고, 한쪽 끝에 있는 이빨을 제거해 다시 한 번 씻는다.

- 전복내장은 육수에 사용하고, 살은 요리에 활용해요.

### 육수

**1** 전복내장을 잘게 자른다.

**2** 냄비에 참기름을 넣고 약간 센 불에서 전복내장을 4~5분간 볶는다.

**3** 내장에 황태육수를 부어 센 불에서 4~5분간 끓이고 체에 거른다.

- 된장찌개의 된장을 거르듯이 체에 내장을 눌러가며 거르면 내장이 다 녹아 나와 육수가 진해져요.

# PART 1

반찬이 필요 없는 별미

# 한 그릇 음식

상차림에 다른 반찬 올릴 필요 없이 단 한 그릇만으로 맛과 영양을 채워주는 요리예요.
누구나 좋아하는 다양한 밥 요리, 속을 편하게 해주는 별미 죽,
후루룩 먹기 좋은 면 요리까지
이름만 들어도 입에서 군침이 도는 메뉴이지요.
만드는 법은 간편한데 맛에 대한 만족감은 큰 요리들이랍니다.

# 떡볶이

1~2인분

많은 분들이 좋아해주시는 홈퀴진표 떡볶이예요.

양념장을 소량으로 만들어도 좋지만,

먹어 보고 입맛에 맞으면 대량으로 만들어 몇 달 동안 편하게 요리해요.

떡볶이양념장은 떡볶이 외에도 라볶이나 쫄볶이, 순대떡볶이,

차돌떡볶이를 만들 때 사용하거나 무침만두, 떡꼬치 등에 활용해요.

*ingredients*

**떡볶이만 먹을 때**

떡볶이떡 300g
물 250ml
어묵 150g
대파 30g
당근 30g
떡볶이양념장 115g

**튀김을 찍어 먹을 때**

떡볶이떡 200g
물 200ml
어묵 100g
대파 30g
당근 30g
떡볶이양념장 115g

**떡볶이양념장**(1~2인분/115g)

간장 10ml
조청 40g
물엿 10g
고추장 20g
설탕 15g
소고기맛조미료 5g
고운 고춧가루 15g

**떡볶이양념장**(20인분/2.3kg)

간장 200ml
조청 800g
물엿 200g
고추장 400g
설탕 300g
소고기맛조미료 100g
고운 고춧가루 300g

**1** 양념장 재료를 순서대로 넣어가며 잘 섞은 후 냉장실에서 24시간 이상 숙성한다.

- 고춧가루는 체에 내리거나 덩어리를 손으로 부수어 준비하고, 고춧가루를 넣기 전에 젓고 다시 넣은 후에 열심히 저어 덩어리를 최대한 없애요.
- 용기에 넣고 냉장 보관하면 6달까지 괜찮지만, 2달 정도 지나면 냉동해요.

**2** 어묵, 대파는 먹기 좋게 썰고, 당근은 채 썬다.

**3** 냄비에 떡, 어묵, 대파, 당근, 물을 넣고 중불에서 떡이 부드러워질 때까지 3~5분 정도 끓인다.

- 떡의 크기나 단단한 상태에 따라 물을 추가하며 끓여요.
- 채 썬 무를 한 줌 정도 넣고 물의 양을 조금 줄여도 좋아요.

**4** 불을 끄고 양념장을 넣어 덩어리 없이 잘 푼다.

**5** 다시 중불로 켜고 끓어오르면 약불로 줄여 3~5분 정도 꾸덕꾸덕하게 졸인다.

- 취향에 따라 떡볶이 국물의 양이나 농도를 보고 졸여요.

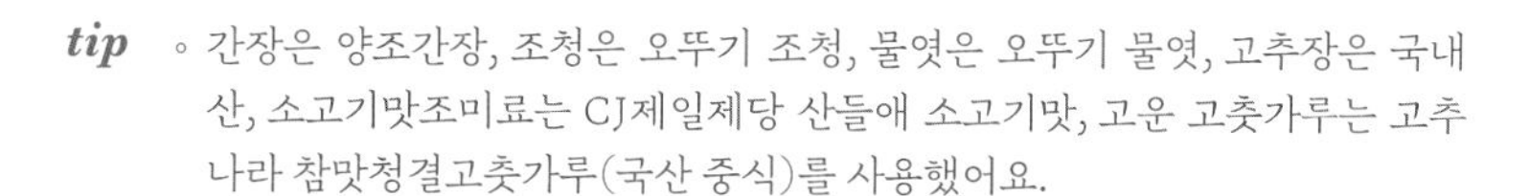

*tip*

- 간장은 양조간장, 조청은 오뚜기 조청, 물엿은 오뚜기 물엿, 고추장은 국내산, 소고기맛조미료는 CJ제일제당 산들애 소고기맛, 고운 고춧가루는 고추나라 참맛청결고춧가루(국산 중식)를 사용했어요.
- 소고기맛조미료에 소고기맛 다시다를 사용할 때는 분량의 60%만 사용해요.
- 양념장을 만들 때 단맛을 조절하려면 조청이나 물엿 양은 꼭 분량대로 넣고 설탕 양을 줄이거나 늘려요.
- 매운맛을 좋아하면 2.3kg 대용량 양념장에 후춧가루 1큰술을 넣어요.
- 물을 넣지 않은 양념장은 많이 꾸덕꾸덕해 뜨기 힘든 대신 보존성이 좋아요. 물을 100ml 정도 넣어서 만들면 사용하기 편해져요.

# 베이컨대파볶음밥

2인분

베이컨, 대파, 통마늘을 넣어서 만든, 정말 맛있는 볶음밥이에요.
베이컨이나 대파, 마늘은 요리할 때 따로 기름을 내어 사용하기도 하는데,
세 가지 재료가 모두 들어가서 고소한 풍미가 정말 좋아요.
쫄깃하게 씹히는 베이컨, 향긋하고 아삭한 대파, 속이 녹진하고 달콤한 통마늘 등
먹을 때마다 재료가 알알이 씹히고 김치와 먹으면 잘 어울려요.

*ingredients*

밥 2.5공기
베이컨 250g
대파(흰 부분) 2대
쪽파 1~2대(선택)
마늘 150g
달걀 4개
식용유 적당량

**양념**

굴소스 0.5큰술
후춧가루 약간
참기름 1작은술
통깨 약간

**1** 베이컨은 한입 크기로 썰고, 대파, 쪽파는 얇게 송송 썰고, 마늘은 꼭지를 제거한다.

- 마늘은 작은 것을 골라 썰지 않고 통으로 써야 끈적하지 않아 굽기 좋아요.

**2** 달군 팬에 식용유를 넉넉히 두르고 센 불에서 달걀을 튀기듯이 구워 달걀프라이를 만들어 덜어둔다.

- 가장자리가 짜글짜글해졌을 때 달걀에 뜨거운 기름을 끼얹어가며 구우면 흰자는 다 익고 노른자는 반숙으로 익어요.

**3** 같은 팬에 식용유를 넉넉히 두르고 중불에서 마늘을 넣어 튀기듯이 노릇노릇하게 구워 덜어둔다.

- 과하게 익으면 금세 탄 맛이 나니 겉이 살짝 노릇노릇할 때 불을 끄고 여열로 익혀요.

**4** 마늘 구운 기름에 대파, 베이컨을 넣고 약간 센 불로 3~4분간 노릇노릇하게 볶는다.

**5** 잠시 불을 끄고 밥을 넣어 밥알을 비비듯 분리하며 밥이 잘 비벼질 때까지 여열로 볶는다.

**6** 굴소스, 후춧가루를 넣고 다시 약간 센 불로 켜 밥이 고슬고슬해질 때까지 3~4분간 볶고, 불을 끈 후 참기름을 뿌린다.

- 싱거우면 소금으로 간을 맞춰요.

**7** 그릇에 담아 달걀프라이, 구운 마늘, 쪽파를 얹고 통깨를 뿌린다.

***tip*** 볶음밥을 만들 때는 고슬고슬한 밥을 사용하는 게 좋아요.

# 꼬막비빔밥 2인분

한때 유행하던 음식에서 이제는 자주 찾아 먹는
스테디셀러가 된 꼬막비빔밥을 집에서 만들어보세요.
양념만 잘하면 시판 꼬막비빔밥의 감칠맛을 그대로 살릴 수 있고,
꼬막을 많이 넣어 더 푸짐하게 먹을 수 있어요.
들기름이나 참기름은 방앗간에서 짠 것을 사용해야 향이 좋아요.

*ingredients*

밥 2공기
꼬막 1kg(손질 후 300g)
쪽파 1/2줌
청양고추 3개
청주 100ml

**양념**

고춧가루 1.5큰술
다진 마늘 1.5큰술
간장 2.5큰술
참기름 2큰술
설탕 1작은술
통깨 1작은술

**1** 냄비에 씻은 꼬막, 청주를 넣고 뚜껑을 닫아 센 불로 끓이고, 끓어오르면 한 번 저어 다시 뚜껑을 닫은 후 가장자리가 끓어오르고 꼬막 몇 개가 입을 벌리면 불을 끄고 꼬막을 건진다.

**2** 꼬막을 살짝 식혀 꼬막살을 발라낸다.

- 입을 벌리지 않은 꼬막은 껍질 뒷부분에 숟가락을 넣어 비틀면 쉽게 분리돼요.

**3** 꼬막살에 살짝 잠길 정도의 물을 부어 가볍게 헹구고, 체에 밭쳐 물기를 뺀다.

**4** 쪽파는 송송 썰고, 고추는 얇게 썰어 씨를 털어내고, 양념 재료는 잘 섞는다.

- 양념에 들기름 1큰술을 추가해도 좋아요.

**5** 그릇에 꼬막, 양념 5큰술을 넣어 버무리고, 고추, 쪽파를 넣고 한 번 더 버무린다.

**6** 꼬막무침에 밥, 양념 1큰술을 넣어 비빈 후 간을 보고 양념을 추가해가며 짜지 않게 완성한다.

- 약간 싱겁게 비벼야 꼬막과 함께 먹을 때 짜지 않아요.

# 날치알주먹밥

2인분

후리카케와 김가루로 만드는 간단한 주먹밥에 톡톡 터지는 날치알,
튀겨서 바삭바삭한 멸치를 더해 식감의 재미를 더했어요.
다진 청양고추의 맵싸하고 신선한 향과 꼬들꼬들한 단무지의 식감도 맛의 포인트 중 하나입니다.
재료를 너무 과하게 넣지 않아야 주먹밥으로 뭉치기 좋아요.

*ingredients*

밥 2공기
냉동날치알 50g
꼬들단무지 15개
청양고추 2개(선택)
후리카케 2큰술
김자반 1줌
참기름 2큰술
통깨 약간

**세멸치튀김**
세멸치 4큰술
식용유 4큰술

**1** 냉동날치알은 냉장실이나 실온에서 해동하고, 단무지는 잘게 다지고, 고추는 씨를 제거해 다진다.

**2** 작은 팬에 식용유를 두르고 세멸치를 튀긴 후 체로 건져 바삭바삭하게 식힌다.

- 계속해서 저어가며 튀기고, 한두 마리씩 노랗게 변하면 한 번 저어 바로 건져요.

**3** 밥에 날치알, 세멸치, 단무지, 고추, 후리카케, 김자반, 참기름, 통깨를 넣고 골고루 비빈다.

- 밥에 따로 간을 안 했으니 김자반을 조금 넉넉히 넣어요.

**4** 손에 비닐장갑을 끼고 먹기 좋은 크기로 주먹밥을 만든다.

***tip*** 매운 고기 요리에 사이드 메뉴로 곁들이면 잘 어울려요.

# 두부밥 2~3인분

북한의 유명한 길거리 음식인 두부밥은 익숙한 재료로 만들지만
맛은 참 새로워요. 반으로 베어 먹으면 양념장의 고추기름 풍미가
밥에 살짝 배어들어 풍부한 맛을 느낄 수 있지요.
구운 두부의 고소함과 양념장의 짭조름하고 매운맛이 밥과 함께 한입에 어우러져요.

*ingredients*

밥 1.5공기
초당두부 1모(약 600g)
소금 0.5작은술
식용유 적당량

**양념**
간장 2.5큰술
식용유 2큰술
고춧가루 2큰술
다진 마늘 0.7큰술
다진 쪽파 3~4대
(혹은 대파 흰 부분 1대)
통깨 1큰술
참기름 1큰술

**1** 두부는 십자모양으로 썰어 한 조각당 다시 3등분하고, 키친타월에 올려 소금을 뿌리고 30분 이상 물기를 뺀다.

- 팩두부로 만들면 부서지기 쉬우니 최대한 단단한 모두부를 사용해요.

**2** 달군 팬에 식용유를 두르고 두부를 앞뒤, 양옆까지 바삭하고 노릇노릇하게 구워 완전히 식힌다.

- 옆면까지 모든 면을 구워야 밥을 넣어도 처지지 않아요.

**3** 팬에 간장, 식용유를 넣어 중불에서 끓자마자 고춧가루에 붓고, 나머지 양념 재료를 넣어 잘 섞는다.

- 그릇에 고춧가루를 덜어두고 끓인 간장+식용유를 부어요.

**4** 구운 두부는 옆면의 가운데 부분에 깊게 칼집을 내어 초밥용 유부처럼 밥을 넣기 좋게 만든다.

**5** 두부에 밥을 채우고 양념장을 골고루 올린다.

# 소고기채소죽 2~3인분

불린 쌀 대신 밥을 넣고 간편하게 만든 죽이에요.
고기와 야채가 푹 익어 부드럽고 밥도 푹 퍼져서 식욕을 잃거나
죽을 꼭 먹어야 할 때 입맛 돋우기 좋아요.
고기가 들어 든든하면서 속도 편해요.

*ingredients*

밥 2공기
다진 소고기 200g
연한 황태육수 700ml
(16쪽/혹은 사골육수)
감자 1개
당근 1/3개
양파 1개
대파(흰 부분) 1대
쪽파 4대
애호박 1/3개

**양념**

국간장 1.5큰술
다진 마늘 0.5큰술
소금 약간
후춧가루 약간
참기름 2작은술
통깨 약간
김가루 적당량

**1** 감자, 당근, 양파, 대파, 쪽파는 잘게 다지고, 호박은 씨를 제거하여 잘게 다진다.

- 밥을 해야 하면 쌀 1.5컵으로 지어요.

**2** 달군 냄비에 소고기를 넣고 약간 센 불에서 노릇노릇하게 볶다가 황태육수를 넣어 중불에서 끓인다.

**3** 끓어오르면 손질한 채소, 밥, 국간장, 마늘을 넣고 잘 섞어서 끓인다.

- 채소는 참기름이나 들기름에 볶아서 넣으면 더 맛있어요.

**4** 다시 끓어오르면 중약불에서 중간중간 저어가며 30분간 밥이 푹 퍼지도록 끓인다.

- 죽이 퍽퍽 튀면 뚜껑을 닫고, 물이 부족하면 끓는 물을 추가해요.

**5** 소금, 후춧가루로 간하고, 그릇에 담아 참기름, 통깨, 김가루를 뿌린다.

***tip***

◦ 밥이 푹 불어서 보드랍게 익어야 하기 때문에 진밥을 사용하면 조금 더 빨리 완성되고, 찬밥은 조금 천천히 완성돼요.

◦ 뜸 들이는 동안 물기가 잦아드니 되직하지 않게 마무리해요. 밥상을 차리며 냄비째 살짝 식히면 물기가 적당해지고 먹기 좋은 온도가 돼요.

# 김치참치볶음밥 2인분

김치와 참치를 따로 볶아서 질척하지 않고 바특하게 완성한 볶음밥이에요.
보통 볶음밥에는 간장이나 굴소스 등을 사용하지만,
김치볶음밥에 간이 부족할 때는 가루형 소고기맛 조미료가 더 잘 어울려요.
한 입 한 입 볶음밥의 감칠맛을 느껴보세요.

*ingredients*

밥 2공기
참치통조림 1캔(250g)
대파(흰 부분) 1대
식용유 약간
소금 약간
(혹은 소고기맛조미료)
후춧가루 약간
참기름 1큰술

**김치볶음**
김치 4~5잎
(크기에 따라 양 조절)
김칫국물 4큰술
물 4큰술
다진 마늘 0.5큰술
고춧가루 1작은술

**1** 김치는 먹기 좋게 썰고, 대파는 송송 썰고, 밥은 미리 식힌다.

**2** 달군 팬에 김치볶음 재료를 넣고 뚜껑을 덮어 중불에서 5~10분간 익힌다.

**3** 수분이 거의 없어지면 식용유를 두르고 약불에서 3~5분간 볶아 남은 수분을 날린다.

- 김치가 타지 않도록 저어가며 익히고, 너무 새콤하면 설탕을 조금 넣어요.

**4** 다른 팬에 참치를 국물째 넣고 중불에서 국물이 없어질 때까지 바싹 볶다가 대파를 넣어 2~3분간 볶는다.

**5** 잠시 불을 끄고 식힌 밥을 넣어 밥알을 분리해가며 섞고, 다시 중불에서 3~4분간 밥을 볶다가 김치볶음을 넣고 2~3분간 비벼가며 볶는다.

**6** 소금으로 간하고 후춧가루, 참기름을 넣어 마지막으로 살짝 볶는다.

- 뜨거운 기름을 끼얹어가며 튀기듯이 구운 달걀프라이를 곁들이면 잘 어울려요.

***tip*** 볶음밥용 밥은 물을 약간 적게 잡아 고슬고슬하게 짓고, 완성 후 바로 일궈서 김을 빼고 식혀요.

# 덮밥소스 & 마요소스

12인분

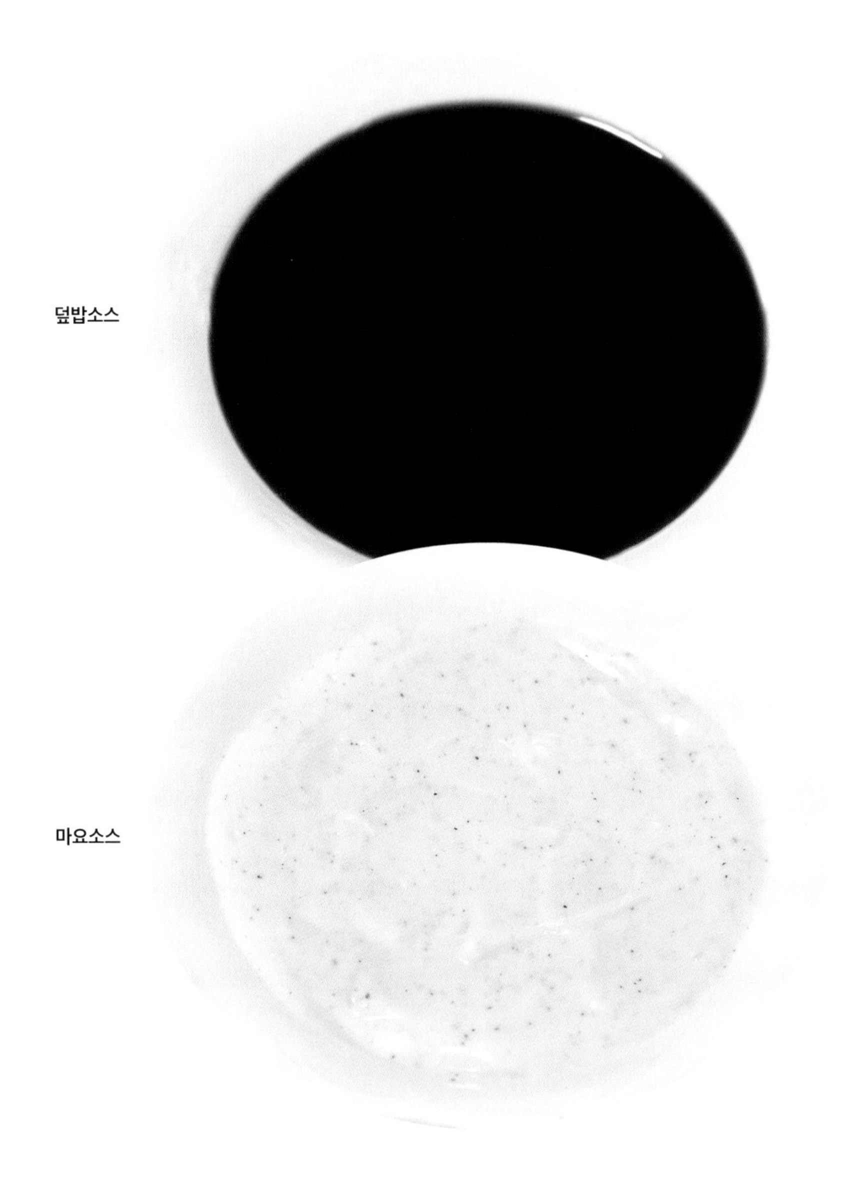


치킨마요덮밥과 참치마요덮밥에 사용하는 덮밥소스와 마요소스예요.
이외에도 캘리포니아롤, 유부초밥, 김밥 등 다양한 요리에 잘 어울려요.
완성 후에는 꼭 냉장 보관해요.

*ingredients*

**덮밥소스**

설탕 3큰술+1작은술(50g)
감자전분 1작은술
간장 6큰술+2작은술(100ml)
청주 3큰술+1작은술(50ml)
맛술 3큰술+1작은술(50ml)
혼다시 1작은술
생강 1조각(2~3cm)
후춧가루 약간

**마요소스**

마요네즈 300g
허니머스터드 30g
설탕 4작은술
레몬즙 2작은술
후춧가루 약간
맛소금 2꼬집

**덮밥소스**

**1** 소스팬에 덮밥소스 재료를 넣어 설탕이 완전히 녹고 전분이 풀어질 때까지 잘 섞는다.

**2** 중불에서 계속 저어가며 3분 정도 끓이다가 알코올이 날아가고 농도가 살짝 진해지면 불을 끈다.

- 식으면 덮밥에 뿌리기 좋게 농후해져요. 재료 분량을 줄이면 끓이는 시간도 줄여요.

**마요소스**

**1** 마요소스 재료를 잘 섞는다.

- 갈릭파우더나 마늘즙(냉동 후 해동한 다진 마늘을 짠 즙) 1작은술을 넣으면 갈릭마요소스가 되고, 고추냉이를 0.5작은술 정도 넣으면 고추냉이마요소스가 돼요.

***tip***

◦ 덮밥소스는 냉장실에 두고 1달 안에, 마요소스는 냉장실에 두고 1주일 안에 소비해요. 마요소스는 유통기한이 짧으니 레시피 분량의 절반만 만들거나 먹을 만큼만 만들어요.

◦ 1인분에 덮밥소스는 2큰술, 마요소스는 보기 좋게 뿌리면 적당해요.

# 참치마요덮밥 & 스팸마요덮밥

각 2인분

홈메이드 덮밥소스와 마요소스로 만든 국민 덮밥이에요.
볶아서 풍미가 더 좋아진 참치와 통조림햄에 달걀지단이 부드러운 식감을 더해요.
여기에 짭조름한 덮밥소스와 크리미한 마요소스까지 곁들이면
사 먹는 것보다 훨씬 맛있어요.

*ingredients*

**참치마요덮밥**

밥 2공기
참치통조림 1캔(250g)
달걀 4개
쪽파 약간
식용유 약간
덮밥소스 4큰술(34쪽)
마요소스 4큰술(34쪽)
김가루 약간

**스팸마요덮밥**

밥 2공기
통조림햄 1캔(200g)
달걀 4개
쪽파 약간
식용유 약간
덮밥소스 4큰술(34쪽)
마요소스 4큰술(34쪽)
김가루 약간

**1** 달걀은 잘 풀고, 쪽파는 송송 썬다.

**2** 팬에 식용유를 둘러 중불에서 얇은 지단을 부치고 식혀서 돌돌 말아 가늘게 썬다.

- 톱질하듯이 썰면 잘 부스러지지 않아요.

**참치마요덮밥**

**3** 팬에 참치를 국물째 넣고 국물이 없어질 때까지 바싹 볶는다.

**4** 그릇에 밥, 참치, 지단을 올리고 1인분에 덮밥소스 2큰술, 마요소스 2큰술, 쪽파, 김가루를 뿌린다.

- 마요소스를 약간 넉넉하게 넣어야 뻑뻑하지 않고 부드러워요.

**스팸마요덮밥**

**3** 통조림햄은 알알이 씹히도록 잘게 썰고, 달군 팬에 넣어 볶는다.

- 통조림햄은 너무 바싹 굽지 않아야 밥과 함께 먹기 좋아요.

**4** 그릇에 밥, 햄, 지단을 올리고 1인분에 덮밥소스 2큰술, 마요소스 2큰술, 쪽파, 김가루를 뿌린다.

- 햄이 짭짤하니 덮밥소스는 조금 적게 넣어요.

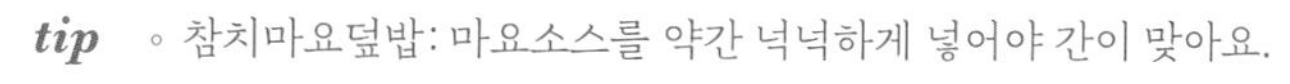

*tip* ◦ 참치마요덮밥: 마요소스를 약간 넉넉하게 넣어야 간이 맞아요.
◦ 스팸마요덮밥: 덮밥소스를 조금 적게 넣어야 간이 맞아요.

# 치킨마요덮밥 2인분

치킨마요덮밥은 참치마요덮밥이나 스팸마요덮밥보다는 만들기 번거롭지만,

밥과 치킨을 함께 먹을 수 있어 맛과 포만감이 좋아요.

남은 치킨을 사용하거나 시판 냉동가라아게를 사용하면 편하게 만들 수 있어요.

*ingredients*

밥 2공기
닭다리살 300g(손질 전 400g)
달걀 3개
쪽파 약간
덮밥소스 4큰술(34쪽)
마요소스 4큰술(34쪽)
식용유 적당량
소금 약간
후춧가루 약간
김가루 약간

**튀김반죽**

감자전분 50g
튀김가루 50g
찬물 혹은 탄산수 120ml

**1** 닭다리살은 씻어서 껍질, 기름 등을 제거하고 물기를 닦아 한입 크기로 썰고, 소금, 후춧가루를 뿌려 밑간한다.

**2** 달걀은 잘 풀고, 쪽파는 송송 썬다.

**3** 팬에 식용유를 둘러 중불에서 얇은 지단을 부치고 식혀서 돌돌 말아 가늘게 썬다.

**4** 튀김반죽 재료는 뭉치지 않게 적당히 섞은 후 닭고기를 넣고 가볍게 저어 섞는다.

- 오래 저으면 바삭함이 떨어지니 고기에 반죽이 잘 묻을 정도로만 살짝 저어요.

**5** 팬에 식용유를 넣어 180℃로 달구고, 닭을 넣고 살짝 노릇해질 정도로 가볍게 튀겨 기름을 털고 망 위에 얹는다.

- 달군 기름에 반죽을 떨어뜨려 1cm 정도 가라앉았다가 바로 떠오르면 적당한 온도예요.

**6** 다시 닭을 식용유에 넣어 노릇노릇해질 때까지 2차로 튀기고, 기름을 털어 망 위에 얹어 살짝 식힌다.

**7** 치킨은 먹기 좋게 썰고, 그릇에 밥, 치킨, 지단을 올린 후 1인분에 덮밥소스 2큰술, 마요소스 2큰술, 쪽파, 김가루를 뿌린다.

- 바삭바삭하게 튀긴 닭은 썰기 전에 기름을 더 탈탈 털어야 잘 썰려요.
- 갓 튀겨 뜨거운 상태에서 썰면 튀김옷이 벗겨지고, 너무 식으면 딱딱해지니 미지근할 때 썰어요.

***tip***

- 닭을 소금, 후춧가루로 밑간한 후 감자전분을 살짝 묻혀서 구워도 좋아요. 혹은 밑간한 닭을 팬에 굽다가 덮밥소스를 넣고 졸여 치킨데리(야키)마요로 만들어도 맛있어요.
- 치킨 대신 돈가스, 새우튀김, 버터장조림 등을 올려서 덮밥으로 응용해요.

# 알밥 1인분

바삭바삭하면서 톡톡 터지는 식감이 재밌고
각각의 재료가 조화롭게 어우러져 맛을 내는 알밥이에요.
직접 가열할 수 있는 팬이나 냄비에 알밥 재료를 올려 바닥에 밥이 눌어붙도록 만들어요.
무쇠로 된 제품이나 뚝배기를 쓰면
열이 오래 보존되어 더 바삭바삭하게 즐길 수 있어요.

*ingredients*

밥 1공기
냉동날치알 2큰술(1블록)
오이 1/5개
게맛살 2개(40g)
꼬들단무지 1/2줌
김치 1잎
달걀 1개
식용유 적당량
버터 1큰술
간장 0.5작은술
(혹은 덮밥소스 1작은술/34쪽)
후리카케 1큰술
참기름 2작은술
김자반 1줌

**세멸치튀김**
세멸치 2큰술
식용유 4큰술

**1** 냉동날치알은 냉장실이나 실온에서 해동한다.

**2** 작은 팬에 세멸치튀김 재료의 식용유를 두르고 세멸치를 튀긴 후 체로 건져 바삭하게 식힌다.

- 계속해서 저어가며 튀기고, 한두 마리씩 노랗게 변하면 한 번 저어 바로 건져요.

**3** 오이는 씨를 제거해 잘게 썰고, 게맛살, 단무지는 잘게 썰고, 김치는 속을 털어 잘게 다진다.

- 김치는 볶아서 써도 맛있어요. 재료에 다진 당근 1큰술을 추가해도 좋아요.

**4** 달걀은 잘 풀고, 팬에 식용유를 둘러 중불에서 얇은 지단을 부친 후 식혀서 썬다.

**5** 뚝배기를 달궈 불을 끈 후 버터를 둘러 밥을 넣고, 간장, 후리카케를 뿌리고 김치, 날치알, 멸치, 오이, 게맛살, 단무지, 지단을 둘러 담는다.

**6** 약불에 알밥을 올리고 타닥타닥 소리가 나면 참기름을 가장자리에 뿌리고 밥을 눌러붙게 한 후 불을 끄고 김자반을 뿌린다.

***tip*** 날치알은 비린내가 나지 않으면 해동 후 그냥 사용해요. 비린내가 나면 물에 식초나 맛술, 사이다, 레몬즙, 새콤한 과일주스 등을 넣고 날치알을 잠깐 담갔다가 체로 건진 후 키친타월에 올려 물기를 바싹 빼서 사용해요.

# 전복죽 3인분

전복살과 전복내장을 아낌없이 넣은 전복죽은 죽 중에서도 고급 요리로 평가받아요.
전복으로 육수를 만들고 그 육수로 밥을 지어 죽을 끓여서
전복의 풍미가 살아 있어요. 참기름으로 따로 볶은 전복살도 쫄깃하게 씹혀요.
푹 퍼진 죽의 부드러운 식감과 고소하고 녹진한 맛을 느껴보세요.

*ingredients*

밥 2공기
전복 7미(500g)
전복육수 800ml(17쪽)
국간장 1큰술
참기름 2작은술

**1** 전복은 17쪽을 참고하여 손질해 육수를 만들고, 전복육수 800ml를 덜어 700ml는 밥 지을 때, 100ml는 마지막에 사용한다.

**2** 냄비에 전복육수 700ml, 밥을 넣어 센 불에서 끓으면 중약불로 줄여 국간장을 넣고 밥알이 푹 퍼지도록 저어가며 15~20분간 끓인다.

**3** 전복살은 얇게 썰고, 달군 팬에 참기름 1작은술을 둘러 전복살을 볶다가 팬에 달라붙은 것까지 전부 긁어서 ②의 죽에 넣는다.

**4** 바로 간을 봐서 국간장을 추가하고 참기름 1작은술을 넣는다.

• 전복내장에 간이 있어서 굳이 간을 추가하지 않아도 괜찮아요.

**5** 밥알이 부드럽게 퍼지면 불을 끄고 뚜껑을 닫아 5~10분간 뜸을 들인다.

**6** 먹기 직전에 뜨거운 전복육수 100ml를 추가해 한 번 더 끓인 후 그릇에 담는다.

• 죽을 끓여두면 밥이 계속 퍼지며 육수를 많이 흡수해요. 완성한 뒤 불을 끄고 먹기 직전에 뜨거운 육수를 부어 데우듯이 끓여 농도를 맞춰요.

# 김치낙지죽 2~3인분

김치에 낙지와 소고기까지 넉넉하게 들어간 김치낙지죽은 식감이 다채로운 게 매력이에요.
살짝 매콤한데 고소한 맛도 느껴져서 먹을수록 맛있어요.
쌀을 볶아서 만들면 좋지만 바쁠 때는 밥을 넣어서 편하게 만들어요.

*ingredients*

찹쌀 혹은 쌀 1.5컵
멸치황태육수 1500ml
(16쪽/혹은 사골육수)
낙지 4마리
김치 5~6잎
다진 소고기 100g
다진 마늘 0.5큰술
다진 대파 1/2대
식용유 약간
참기름 2큰술
고운 고춧가루 1작은술
국간장 1~2큰술
통깨 약간
김가루 약간

**1** 찹쌀은 씻어서 찬물에 담가 2시간 정도 불리고, 손으로 눌러 부서지는 상태가 되면 물기를 뺀다.

**2** 낙지는 너무 작지 않게 먹기 좋은 크기로 썰고, 김치는 잘게 썬다.

**3** 달군 팬에 다진 소고기를 중불에서 볶아 덜어두고, 같은 팬에 식용유를 둘러 마늘, 대파를 넣어 볶다가 김치를 넣어 5~6분간 볶는다.
- 쌀과 함께 볶아도 되지만 따로 볶으면 재료가 구워지듯이 익어서 맛이 더 좋아요.

**4** 냄비에 참기름 1큰술을 두르고 불린 찹쌀을 넣어 볶다가 육수를 부어 센 불로 끓인다.

**5** 죽이 끓어오르면 소고기, 김치, 낙지, 고춧가루, 국간장을 넣어 약불에서 40분간 푹 끓인다.
- 김치에 따라 간이 다르니 먼저 국간장 1큰술을 넣어 간을 보고 1큰술을 더 넣어요.

**6** 불을 끄고 뚜껑을 덮어 10분간 뜸을 들여 그릇에 담고 참기름 1큰술, 통깨, 김가루를 뿌린다.
- 쪽파를 송송 썰어서 올려도 좋아요.

***tip***
- 불린 쌀 대신 밥으로 만들 때는 밥 2공기에 육수 700ml를 사용해요.
- 맹물을 쓰면 맛이 없으니 멸치황태육수나 시판 사골육수를 넣어요.
- 원하는 농도보다 조금 묽은 상태에서 뜸을 들이고, 완성된 죽이 너무 되직하면 육수를 추가해 한 소끔만 끓여요.
- 찹쌀은 일반 쌀보다 찰기가 있어 죽을 끓이면 쫀쫀한 맛이 좋아요.

# 소고기우엉버섯밥 3인분

따끈한 밥에 달콤하고 짭조름한 우엉조림과 버섯볶음을 넣어
양념장을 곁들이는 덮밥이에요. 보통 우엉밥을 만들 때는
우엉을 넣고 솥밥으로 짓지만, 이렇게 각 재료를 따로 조리해서 밥 위에 얹어 먹어도 맛있어요.
양념간장을 넣어서 비벼 먹는 덮밥이니 우엉조림이나 불고기는
간을 조금 약하게 해야 비볐을 때 간이 딱 맞아요.

*ingredients*

밥 3공기
소고기 300g(불고기용)
우엉 150g(손질 후)
표고버섯 6개
참기름 1큰술
식용유 1.5큰술

**양념간장**
다진 쪽파 4~5대
고춧가루 1작은술
다진 마늘 0.5작은술
간장 1.5큰술
참기름 1큰술
통깨 약간

**우엉조림양념**
물 적당량
(우엉이 살짝 잠길 분량)
간장 1큰술
맛술 1큰술
물엿 0.5큰술

**버섯볶음양념**
설탕 0.5작은술
간장 1작은술
후춧가루 약간

**불고기양념**
설탕 2작은술
다진 마늘 2작은술
다진 대파(흰 부분) 1대
간장 1.3큰술
맛술 2작은술
후춧가루 약간

1. 우엉은 껍질을 벗겨 가늘게 채 썰어 찬물에 1시간 정도 담갔다 건지고, 표고는 얇게 썰어 끓는 물에 살짝 데친다.
2. 양념간장 재료를 잘 섞는다.
3. 팬에 우엉, 우엉조림양념을 넣고 중불에서 양념이 없어질 때까지 끓이고, 약불로 줄여 참기름 1큰술, 식용유 1큰술을 넣은 후 4~5분간 물기 없이 바싹 볶아 윤기 나게 졸인다.
4. 달군 팬에 식용유 0.5큰술을 둘러 데친 표고를 중불에서 볶고, 불을 끄고 버섯볶음양념을 섞은 후 약불에서 2~3분간 볶는다.
5. 소고기에 불고기양념 재료를 넣어 잘 섞고, 달군 팬에 넣어 센 불에서 수분이 없어질 때까지 볶는다.
6. 그릇에 밥을 담고 소불고기, 우엉조림, 버섯볶음을 올린 후 양념간장을 얹는다.

*tip*
◦ 우엉조림을 빼고 소고기버섯밥으로, 버섯볶음을 빼고 소고기우엉밥으로도 즐겨요.
◦ 버섯은 취향에 따라 여러 종류를 넣어도 좋아요.

# 충무김밥 2인분

충무김밥은 맨 김밥과 아삭아삭한 섞박지, 어묵 무침과 오징어무침으로
구성되는데, 평범한 조합이지만 먹어보면 유명한 데는
이유가 있단 생각이 들만큼 매콤달콤하고 쫄깃해서 정말 맛있어요.
얼갈이된장국(128쪽)을 곁들여도 좋답니다.

*ingredients*

**섞박지**(6~7인분)
무(큰 것) 1/2개(1kg)
소금 2큰술(20g)
조청 3큰술(70g)

**찹쌀풀**
물 3큰술
찹쌀가루 1작은술

**양념**
고춧가루 3큰술
고운 고춧가루 1큰술
다진 마늘 1큰술
다진 새우젓 1큰술
액젓 1큰술(혹은 피시소스)
조청 1큰술

### 섞박지

1 무는 칼로 삐져서 한입 크기로 썰고, 소금, 조청에 4시간 정도 절인 후 헹구지 않고 그대로 물기를 빼거나 손으로 짠다.

- 무를 네모나게 써는 것보다 무의 바깥 부분부터 얇고 비스듬하게 삐지듯이 잘라내면 무의 식감이 다양해져요.

2 찹쌀풀 재료는 잘 섞고 전자레인지로 10초간 가열하고 섞는 과정을 4번 반복해 찹쌀풀을 만든다.

3 찹쌀풀에 양념 재료를 넣어 잘 섞는다.

4 무에 양념한 찹쌀풀을 넣어 골고루 무친다.

5 지퍼백에 섞박지를 넣어 밀봉하고, 실온에서 10시간 정도 익혀 냉장실에 넣은 후 다음날부터 먹는다.

*tip*
◦ 섞박지를 지퍼백에 넣고 최대한 공기가 닿지 않게 바람을 빼 밀봉 후 집게로 한 번 더 집어 이중으로 봉해요.
◦ 실온에서 숙성하는 동안 지퍼백이 빵빵해지면 다시 공기를 빼고 밀봉해요.

*ingredients*

**어묵무침 & 오징어무침**(2인분)
어묵 4장
갑오징어 3~4마리
(혹은 오징어(큰 것) 1마리)

**양념**
고운 고춧가루 2큰술
다진 마늘 1큰술
간장 1큰술
조청 1큰술
참기름 1큰술
통깨 약간

**어묵무침 & 오징어무침**

**1** 양념 재료는 잘 섞는다.

**2** 끓는 물에 어묵을 데쳐 건지고, 같은 물에 오징어를 넣어 끓어오르면 건진다.

**3** 어묵은 헹구지 않고 그대로 식혀 겉면의 물기를 제거하고 한입 크기로 썬다.

**4** 오징어는 헹궈 물기를 제거하고, 어슷하게 한입 크기로 썬다.
- 다리 끝을 자르고 빨판을 적당히 제거하면 먹기 편해요.

**5** 양념을 2등분해 어묵, 오징어에 각각 무친다.
- 어묵, 오징어 겉면에 수분이 없어야 무침이 빡빡하게 완성돼요.

*ingredients*

**김밥**(30개)
밥 2공기
김밥용 김 5장
참기름 1큰술

## 김밥

**1** 김은 1장을 반 자르고 다시 3등분해 1장당 총 6등분한다.

**2** 밥은 식혀서 참기름을 둘러 잘 섞는다.

- 반찬이 짭조름해서 밥에는 따로 간하지 않아요.

**3** 손에 비닐장갑을 끼고 작은 초밥을 만들듯이 밥을 쥐어 김에 올리고 돌돌 만다.

**4** 그릇에 김밥을 잘 쌓아 올리고, 섞박지, 어묵무침, 오징어무침을 곁들인다.

# 수제비반죽

4~5인분

감자전분이 들어가서 쫄깃쫄깃한 수제비반죽입니다.
이 반죽은 탄력이 좋아서 손으로 하나하나 떼는 대신
차가운 반죽을 덩어리째 칼로 얇게 썰어서 편하게 사용할 수 있어요.
수제비반죽은 전날 만들어서 최소한 하루는 냉장실에서 숙성하는 것이 좋고
최대 5일까지 냉장 보관해서 사용 가능해요.

*ingredients*

찰밀가루 400g
감자전분 100g
소금 1작은술
물 270ml

**1** 볼에 밀가루, 전분, 소금을 넣어 젓고, 물을 부어 숟가락으로 적당히 섞다가 반죽이 뭉쳐지면 손으로 눌러가며 15~20분간 반죽한다.

- 면이나 수제비반죽은 주무르기보다 납작하게 펴서 누르거나 밀어서 접는 과정을 반복해야 밀가루와 전분 속의 전분이 재배치되며 보드라워져요.

**2** 반죽은 바로 사용하거나 랩으로 감싸 냉장실에 넣고 6시간 이상 숙성한다.

- 반으로 썰었을 때 매끈한 상태가 되면 적당해요.

**3** 숙성 후 차가운 상태의 반죽을 칼로 얇게 썰고, 썰자마자 서로 붙지 않게 도마 위에 펼쳐 한 조각씩 뚝뚝 떼어 사용한다.

- 반죽을 썰어서 사용하면 각각의 수제비 익는 속도가 비슷해서 좋아요. 또 수제비에 밀가루를 덧입히지 않고 사용해 국물이 탁해지지 않아요.
- 칼로 써는 반죽은 충분히 치대어 반죽한 후 최소 1일 이상 숙성하는 게 좋아요.

*tip*

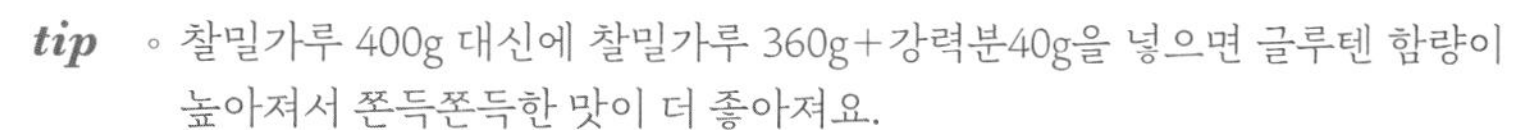

- 찰밀가루 400g 대신에 찰밀가루 360g+강력분40g을 넣으면 글루텐 함량이 높아져서 쫀득쫀득한 맛이 더 좋아져요.
- 소금은 밀가루의 0.8%, 물은 밀가루의 54%를 기준으로 넣고, 습하고 건조한 계절에 따라 물의 양을 2% 정도 가감할 수 있어요.

# 얼큰소고기버섯수제비

2인분

멸치황태육수를 얼큰하게 양념한 국물에 소고기, 배추, 버섯 등의 채소를 넣어
마치 전골처럼 푸짐하게 즐기는 버섯수제비예요.
다양한 재료가 들어가 건져 먹는 재미도 있고 쫀득쫀득하게 씹히는 수제비가 정말 맛있어요.

*ingredients*

수제비반죽 300g(52쪽)
샤부샤부용 소고기 150g
팽이버섯 1봉
알배춧잎 5~6장
대파(흰 부분) 1대
청양고추 2개

**국물**

황태육수 1100ml
(16쪽/혹은 물)
고운 고춧가루 1.5큰술
다진 마늘 1.5큰술
국간장 2큰술
피시소스 1작은술
후춧가루 약간

**1** 팽이버섯은 밑동을 제거하고 배추, 대파, 고추는 먹기 좋게 썬다.

**2** 냄비에 국물 재료를 모두 넣고 센 불로 끓여 거품을 걷어내고 2~3분간 끓인 후 불을 끈다.

**3** 배추, 버섯을 넣어 끓이면서 수제비반죽을 칼로 썰거나 뜯기 좋게 얇게 펼쳐 준비한다.

• 반죽을 손으로 뜯을 때는 실온에 꺼내두고, 칼로 썰 때는 냉장고에서 꺼내자마자 차가울 때 썰어 달라붙지 않게 떼어 둬요.

**4** 중불로 켜고 국물이 끓으면 소고기를 넣고 수제비를 떼어 넣는다.

**5** 수제비가 달라붙지 않게 저어가며 끓이다가 수제비가 반쯤 익으면 대파, 고추를 넣고 3~4분간 더 끓인다.

• 불을 끄기 전에 간을 보고 부족하면 국간장이나 소금으로 간해요.

***tip***

◦ 국물의 기본은 멸치황태육수+국간장인데 여기에 피시소스를 약간 넣으면 더 좋아요. 채소를 넣기 전에 국물이 짭짤하다면, 모든 재료를 넣은 후에는 간이 적당해져요.

◦ 멸치황태육수와 사골육수를 절반씩 사용하면 깊은 맛이 나요.

◦ 육수 대신 물을 쓸 때는 국간장의 양을 줄이고 소고기맛조미료를 넣어 간해요.

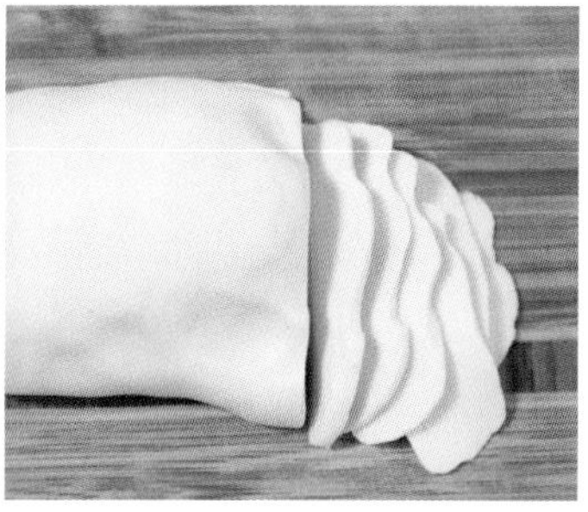

# 대패삼겹김치수제비 2인분

칼칼한 김치수제비에 구운 대패삼겹살을 고명으로 올려 맛의 볼륨을 살렸어요.
육수에 김치를 넣을 때는 다진 돼지고기나 찌개용 고기를 약간 넣어도 좋아요.
얼큰소고기버섯수제비(54쪽)와 같은 2인분이지만 김치에 간이 있어 간장을 적게 넣고,
김치가 익는 시간 때문에 육수를 더 넉넉하게 잡아요.

*ingredients*

수제비반죽 300g(52쪽)
대패삼겹살 200~300g
감자 1개
애호박 1/3개
김치 200g
대파(흰 부분) 1대
청양고추 1개
황태육수 1200ml
(16쪽/혹은 물)
고춧가루 1큰술
다진 마늘 1큰술
국간장 2작은술
후춧가루 약간
소금 약간

**1** 감자, 호박은 납작하게 썰고, 김치, 대파, 고추는 먹기 좋게 썰고, 삼겹살은 미리 해동한다.

**2** 냄비에 육수, 김치를 넣고 센 불에서 끓으면 중약불로 낮춰 15분간 끓이다가 고춧가루, 마늘, 국간장을 넣는다.

**3** 김치가 무르게 익으면 감자, 호박, 후춧가루를 넣어 끓이면서 수제비반죽은 칼로 썰거나 뜯기 좋게 얇게 펼쳐 준비한다.

- 수제비를 넣기 전에 짜면 물을 추가하고, 싱거우면 피시소스 1작은술을 넣어요.

**4** 감자가 반쯤 익으면 수제비를 넣고 중불에서 저어가며 익힌다.

**5** 수제비가 반쯤 익으면 대파, 고추를 넣고 3~4분간 끓여 소금으로 간한다.

- 두꺼운 수제비를 건져서 반으로 잘랐을 때 하얀 심이 보이면 덜 익은 것이고 반투명하면 잘 익은 거예요.

**6** 수제비가 익는 동안 해동한 삼겹살을 중불에서 보드랍게 굽고, 그릇에 수제비를 담고 삼겹살을 올린다.

- 대패삼겹살은 바싹 굽지 않아야 수제비에 잘 어울려요. 1인분에 100~150g을 구워서 올려요.

***tip***

◦ 육수 대신 멸치육수장국이나 멸치진국 등의 액상 조미료를 사용할 때는 제품에 표기된 분량의 절반만 넣고, 김치에서도 간이 우러나니 부족한 간은 액젓 1작은술로 해요.

◦ 팽이버섯이나 당근을 넣어도 좋아요.

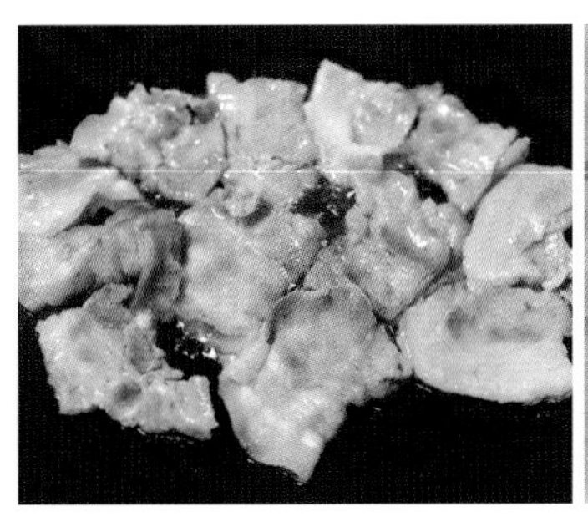

# 전복밥

2~3인분

전복육수로 지은 밥에 볶은 전복살을 올려 양념장을 곁들이는 전복밥은
한 그릇 먹고 나면 힘이 나는 것 같아요.
단품으로도 좋지만 심심한 국이나 나물과도 잘 어울려요.

*ingredients*

쌀 1.5컵
전복 7미(500g)
전복육수 300ml(17쪽)
참기름 1큰술

**양념간장**

쪽파 4~5대
고춧가루 1큰술
다진 마늘 0.5큰술
간장 3큰술
참기름 1큰술
통깨 약간

**1** 전복은 17쪽을 참고하여 손질하고 전복육수를 만들어 300ml를 준비한다.

- 전복밥은 전복죽보다 육수를 적게 잡아 밥 짓는 분량에 맞춰요.

**2** 쌀은 씻어 물기를 빼고 전복육수를 넣어 밥을 짓는다.

- 전기밥솥은 분량의 눈금에 맞추고, 가마솥밥은 쌀과 밥물의 양을 1:1로 맞춰요.
- 밥물의 양이 전복육수로 부족하면 생수를 추가해요.

**3** 양념간장 재료의 쪽파는 송송 썰고 나머지 재료를 섞어 양념간장을 만든다.

- 송송 썬 쪽파는 약간만 덜어두고 마지막에 전복밥 위에 뿌려요.

**4** 전복살은 얇게 썰고, 달군 팬에 참기름을 둘러 중불에서 전복이 익을 때까지 볶는다.

**5** 전복밥이 다 되면 잘 섞어 그릇에 담고, 볶은 전복살, 양념장을 올리고 쪽파를 뿌린다.

- 전복밥이 식으면 양념장에 잘 비벼지지 않으니 식사 시간에 맞춰서 만들어요.

***tip***

- 전복밥을 넉넉하게 지어두었다가 남은 전복밥으로 전복새우볶음밥(60쪽)을 만들면 맛있어요.
- 전기압력밥솥을 사용했는데 가마솥이나 돌솥으로 솥밥을 해도 좋아요.

# 전복새우볶음밥

2인분

중국식 해산물 소스인 XO소스는 볶음밥에 고급스러운 맛을 더해줘요.
남은 전복밥에 전복살, 새우, 달걀, XO소스를 넣어 볶으면 금상첨화지요.
XO소스 대신 굴소스나 소금으로 간해도 맛있어요.

*ingredients*

전복밥 2공기
(58쪽/혹은 밥 2공기)
전복 3~4미
새우살 20마리
대파 1대
당근 1/4개
달걀 3개
식용유 적당량
고추기름 2큰술
XO소스 1.5큰술
굴소스 1작은술(선택)
소금 약간
후춧가루 약간
참기름 1큰술

**1** 58쪽을 참고하여 전복밥을 짓고, 골고루 섞어 한 김 식힌다.
- 전복밥은 하루 정도 냉장실에 두었다가 사용해도 좋아요.

**2** 전복은 손질해 한입 크기로 썰고, 새우는 헹구고, 대파, 당근은 잘게 다지고, 달걀은 잘 푼다.

**3** 달군 팬에 식용유를 두르고 달걀물을 풀어 중불에서 스크램블드에그를 만들어 덜어두고, 전복살, 새우를 각각 볶아 덜어둔다.

**4** 달군 팬에 고추기름을 두르고 약간 센 불에서 대파, 당근을 2~3분간 볶다가 전복밥을 넣어 3분간 볶고, XO소스를 넣어 2분간 볶는다.

**5** 전복, 새우, 스크램블드에그, 굴소스를 넣어 1~2분간 볶다가 소금으로 간해 후춧가루, 참기름을 뿌린다.
- 송송 썬 쪽파를 뿌려도 좋아요.

***tip*** 전복밥, 전복살을 넣지 않고 쌀밥으로 만들면 새우XO볶음밥이 돼요.

# 삼계죽 2~3인분

삼계탕을 죽으로 만든 삼계죽이에요.
수삼을 넣어서 끓이면 삼계죽, 수삼을 넣지 않고 끓이면 일반 닭죽이 돼요.
삶은 닭다리는 형태 그대로 따로 건져두었다가 죽 위에 올리면 푸짐하게 즐길 수 있어요.

*ingredients*

쌀 1.5컵
닭 1마리(1kg)
소금 약간
후춧가루 약간

**육수**
물 2000ml(필요 시 물 추가)
삼계탕용 한약재 1봉
수삼 1뿌리
양파 1개
대파 1대
통후추 1작은술
다시마 5cm(선택)
건표고버섯 1개(선택)
황태 5cm(선택)
생강 약간(선택)

**1** 쌀은 씻어서 찬물에 담가 2시간 정도 불리고, 손으로 눌러 부서지는 상태가 되면 물기를 뺀다.

**2** 닭은 가슴 부분을 갈라서 가슴살 윗부분의 Y자 뼈를 부러뜨려 펼치고, 내부의 뼈 사이사이를 깨끗하게 씻는다.
- 취향에 따라 닭 껍질을 벗길 때 가슴살, 목의 껍질은 벗기고, 날개나 다리 껍질은 남겨두면 편해요.

**3** 냄비에 육수 재료를 모두 넣고 센 불에서 끓어오르면 닭을 넣고 끓여 거품을 제거한다.

**4** 다시 끓어오르면 뚜껑을 비스듬히 닫아 중불에서 40분간 끓인다.
- 닭다리의 발목뼈가 보일 정도로 충분히 끓이고 국물이 부족하면 물을 보충해요.

**5** 삶은 닭은 건지고 닭육수는 체에 거른 후 물을 추가해 2000ml로 만들고, 닭다리만 분리해서 육수 200ml에 담가 마르지 않게 뚜껑을 덮어둔다.

**6** 냄비에 불린 쌀을 넣고 닭육수 1700ml를 부어가며 중약불로 30분간 저으면서 끓인다.
- 취향에 따라 마늘 5~10개를 넣어도 좋아요.

**7** 죽을 끓이는 동안 닭다리를 제외한 닭의 살을 발라 먹기 좋게 찢어 죽에 넣는다.

**8** 밥알이 퍼지면 불을 끄고 뚜껑을 닫아 5~10분간 뜸을 들인 후 소금, 후춧가루로 간하고, 먹기 직전에 닭육수 100ml를 추가해 한 번 더 끓여 그릇에 담고 닭다리를 올린다.

***tip***
- 닭다리를 따로 빼서 얹으면 삼계탕을 먹는 느낌을 낼 수 있어요.
- 삼계탕에 황태를 넣으면 끓이는 동안에는 향 때문에 호불호가 갈리는데, 죽까지 다 끓여보면 황태 냄새가 거의 휘발되어 맛있어져요.

# 콩국수

1~6인분

저는 콩국수를 만들 때 콩만 사용하고 다른 재료는 넣지 않아요.
더 고소하고 맛있는 방법도 많을 테지만 삶은 콩을 갈아 소금으로만 간해요.
콩국수를 정석대로 처음 만드는 분들을 위해 계량과 삶는 시간 등을 자세히 알려드려요.
콩국수는 기계의 힘이 반 이상이라 힘이 좋은 믹서를 사용할수록 부드럽고 맛있어요.

*ingredients*

**1인분**

국수(건면) 100g(생면 150g)
백태 85g
콩 삶는 물 300ml
생수 적당량
⊖ 최종 콩물 500~550ml

**2인분**

국수(건면) 200g
백태 170g
콩 삶는 물 600ml
생수 적당량
⊖ 최종 콩물 1000~1100ml

**4인분**

국수(건면) 400g
백태 340g
콩 삶는 물 1200ml
생수 적당량
⊖ 최종 콩물 2000~2200ml

**6인분**

국수(건면) 600g
백태 500g
콩 삶는 물 1800ml
생수 적당량
⊖ 최종 콩물 3000ml~3300ml

**과정 요약**

①
찬물에 8시간 이상 콩 불리기

②
콩 삶고 식힌 후, 껍질 까기

③
믹서에 콩+콩 삶은 물+얼음+생수를 넣어 준비하기

④
국수 삶기

⑤
콩물 갈아서 국수에 붓기

⑥
소금 간하기

*tip*
◦ 서리태로 검은 콩물을 만들어도 좋아요. 서리태는 핵심인 까만 껍질을 함께 사용해서 아무리 곱게 갈아도 껍질 벗긴 백태만큼 부드럽지 않아요.
◦ 사진의 노란색 국수는 신갈산 국수로 콩국수용으로 많이 사용해요.

### ① 콩 불리기→② 콩 삶고 식힌 후 콩 껍질 까기

**1** 콩을 씻어서 찬물에 담가 8시간 이상 불려 건지고, 상한 알곡을 골라낸다.

**2** 넉넉한 냄비에 콩, 콩 삶는 물(콩의 3~4배 분량의 물)을 넣고 센 불에서 끓인다.

- 끓으면 콩물이 확 넘치니 옆에서 지켜보며 끓여요.

**3** 거품을 걷어내고, 끓기 시작한 후 10분간 더 삶아 불을 끄고 그대로 완전히 식힌다.

- 한여름에는 천천히 식으니 삶은 콩물에 얼음을 넣거나 선풍기를 틀어서 빠르게 식혀요.

**4** 콩을 그대로 갈아도 되지만 더 부드러운 콩국을 원한다면 콩의 껍질을 깐다.

### ③ 믹서에 콩+콩 삶은 물+얼음+생수를 넣어 준비하기

**2인분용 콩 170g 기준**

**1** 전자저울에 볼을 올리고 영점을 맞춘 후 콩, 콩 삶은 물, 얼음 20개 정도를 넣고 나머지는 생수를 넣어 무게를 1000g에 맞춘다.

- 눈금 있는 대용량 믹서기를 사용할 때는 저울에 무게를 잴 필요 없이 눈금 1000ml에 맞춰서 생수를 넣어요.

**2** 진한 콩물을 원하면 1인분에 콩물을 최소 500ml로 빡빡하게 잡아 무게를 1000g으로, 먹기 편한 걸 원한다면 1인분에 콩물을 550ml로 잡아 무게를 1100g에 맞춘다.

- 믹서의 크기에 따라 계량한 재료를 다 넣거나 덜어서 넣어가며 곱게 갈아요.
- 생수를 50ml 정도만 덜어두고 나머지 재료를 모두 갈아 국수에 부어요. 덜어둔 50ml의 생수도 믹서에 넣고 흔들어 자투리 콩물까지 국수에 부어요.

***tip***

- 콩 국물의 콩은 오래 삶아서 과하게 익거나 아주 천천히 식으면 메주콩 맛이 나요. 식었을 때 아주 약간 살캉살캉한 정도가 적당해요.
- 콩 껍질을 제거하지 않을 때는 콩을 삶을 때 식소다 1/4작은술을 넣어 껍질을 연하게 만들어요. 이때는 콩 삶은 물의 맛이 씁쓸하니 콩 삶은 물은 버리고 전부 생수를 넣어 갈아요.
- 콩은 콩국수를 만들기 전날 삶고 껍질을 까서 냉장실에 넣었다가 쓰면 편해요.

### ④ 국수 삶기

**1** 냄비에 물을 넉넉히 붓고 팔팔 끓으면 국수를 펼쳐서 넣는다.

**2** 한 번 끓어오르면 찬물 200ml를 넣고 다시 끓어오르면 1분 정도 저어가며 삶은 후 불을 끈다.

**3** 국수를 찬물에 여러 번 비벼가며 헹구고, 마지막에 얼음물로 한 번 더 헹군 후 물기를 바싹 털어서 그릇에 담는다.

### ⑤ 콩물 갈아서 국수에 붓기→⑥ 소금 간하기

**1** 믹서에 준비한 콩+콩 삶은 물+얼음+생수를 넣고 곱게 간다.

- 아주 곱게 갈리는 믹서가 아니라면 체에 면포를 올리고 갈아놓은 콩물을 부어 곱게 걸러요.

**2** 콩물을 국수에 붓고 기호에 따라 소금으로 간한다.

- 콩국수에는 금방 녹는 가는 소금을 사용해요. 굵은 소금을 쓸 때는 소금을 적은 양의 물에 녹여서 콩국수에 넣어요.

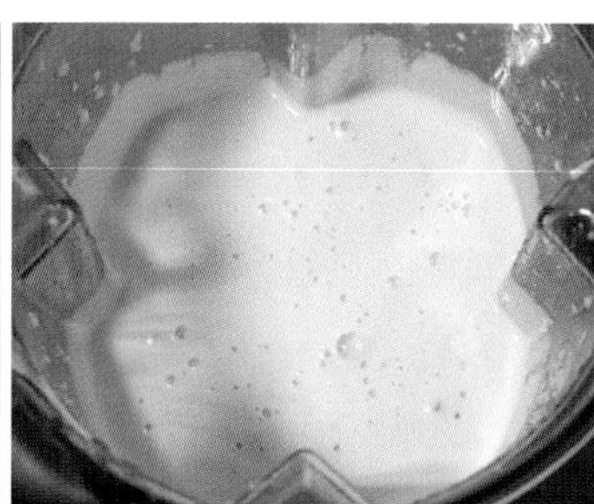
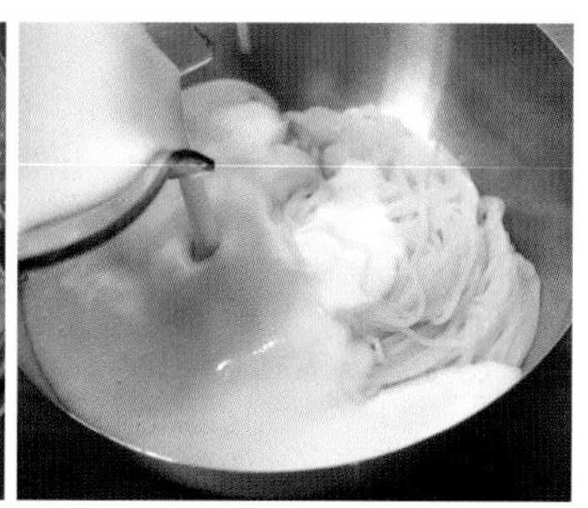

# 중화비빔밥 2~3인분

짬뽕과 비슷한 재료로 만든 덮밥소스에 밥을 곁들인 중화비빔밥이에요.
짜장면을 중국 음식이라고 하기에는 어딘가 애매한 것과 마찬가지로
이 메뉴도 한국식 중식이라고 볼 수 있어요.
중화소스는 밥과 함께 먹어도 맛있고, 면에 올려서 비빔짬뽕,
면과 함께 볶아서 볶음짬뽕으로 먹어도 좋아요.

*ingredients*

밥 3공기
돼지고기 150g
(안심, 등심, 앞다릿살 등
기름이 적은 부위)
오징어(중간 크기) 1마리
양파 1개
알배춧잎 4장
주키니호박 1/6개
당근 1/6개
대파 1대
달걀 2~3개
건목이버섯 1줌(선택)
식용유 적당량
다진 마늘 1큰술
다진 생강 약간(선택)
참기름 0.5작은술
후춧가루 약간
통깨 약간

**양념**
간장 1.5큰술
청주 1큰술
굴소스 0.5큰술
고운 고춧가루 3큰술

**닭육수**
물 300ml
치킨파우더 1작은술
후춧가루 약간

**1** 양념은 그릇에 분량대로 담아 준비한다.
- 센 불에서 볶는 도중에 양념을 하나하나 계량해 넣으면 재료가 타거나 과하게 익으니 미리 계량해서 준비해요.

**2** 건목이버섯은 물에 담가 1시간 정도 불려 꼭지를 떼고, 닭육수 재료는 잘 섞는다.

**3** 오징어, 돼지고기, 양파, 배추, 호박, 당근은 채 썰고, 대파는 길게 반 갈라 4cm 길이로 썬다.

**4** 달군 팬에 식용유를 넉넉하게 두르고 튀기듯이 달걀프라이를 만들어 덜어둔다.
- 달걀 가장자리가 짜글짜글해지면 뜨거운 기름을 숟가락으로 달걀에 끼얹어 구워요.

**5** 달군 팬에 식용유 3큰술을 두르고 센 불에서 대파, 마늘, 생강을 넣어 볶는다.
- 조리 시작부터 끝까지 센 불을 유지해요.
- 식용유 대신 고추기름이나 돼지기름을 넣으면 더 맛있어요.

**6** 돼지고기, 오징어를 넣고 고기가 익을 때까지 센 불에서 2~3분간 볶다가 간장, 청주를 넣어 30초간 볶고 굴소스, 고춧가루를 섞는다.
- 이 과정에서 닭육수를 따로 끓여놔요.

**7** 양파, 호박, 배추, 당근, 목이버섯을 넣고 2분간 볶다가 끓는 닭육수를 붓고 3~4분간 끓여 불을 끄고 참기름을 뿌린다.
- 소스를 긁으면 바닥이 잠깐 보였다가 사라지는 농도가 되어야 비벼 먹기 좋아요.
- 부추를 추가할 때는 불을 끄기 직전에 넣어요.

**8** 그릇에 밥을 담고 볶은 재료를 듬뿍 얹어 후춧가루, 통깨를 뿌리고 달걀프라이를 올린다.

***tip***
- 고운 고춧가루는 물전분 없이 소스에 농도를 내는 핵심 재료이니 꼭 사용해요.
- 새우, 문어, 관자 등의 해산물을 추가하면 좋아요.
- 채소를 볶으며 중간중간 토치로 불맛을 더하면 더 맛있어요.

# 닭갈비맛볶음밥

2~3인분

닭갈비집에는 닭갈비만 있는 게 아니죠.
닭갈비가 아닌데 닭갈비맛이 나는 일명 '닭야채철판볶음밥'을 집에서 만들었어요.
매콤한 닭갈비양념장에 버터를 넣었더니 고소한 맛이 정말 좋아요.
집에서 만드니까 닭고기도 듬뿍 넣고 사리도 추가해 부족함 없이 즐겨요.

*ingredients*

밥 2공기
닭다리살 300g
대파(흰 부분) 1대
양파 1/4개
김치 1줌
라면사리 1개
닭갈비양념장 6큰술(162쪽)
버터 3큰술
참기름 1작은술
김가루 약간

**1** 닭고기는 씻고 물기를 닦아 한입 크기로 썰고, 닭갈비양념장 3큰술을 넣어 무친다.

- 취향에 따라 닭 껍질을 제거하거나 닭가슴살을 사용해요.

**2** 대파는 길게 갈라 큼직하게 썰고, 양파는 먹기 좋게 썰고, 김치는 잘게 썬다.

**3** 끓는 물에 라면을 3분간 삶아 찬물에 헹궈 물기를 뺀다.

**4** 달군 팬에 버터 1큰술을 녹이고 닭갈비, 양파, 대파를 넣어 중약불에서 닭고기가 잘 익을 때까지 타지 않게 볶는다.

**5** 밥, 김치, 닭갈비양념장 2큰술, 버터 1큰술을 넣고 3~4분간 볶다가 참기름, 김가루를 넣고 살짝 섞는다.

- 간을 보고 양념장을 추가해요.

**6** 팬에 밥을 잘 펼치고 바닥에 밥이 눌어붙도록 중불에서 2~3분간 그대로 둔다.

**7** 볶음밥을 옆으로 밀고, 라면, 닭갈비양념장 1큰술, 버터 1큰술, 물 2큰술을 넣고 볶아 닭갈비볶음라면을 만들어 함께 먹는다.

***tip*** 쫄면이나 냉동우동사리도 잘 어울려요.

# 고기순대볶음밥 3인분

볶음밥 중에 맛으로 최상위권에 꼽힐 만큼 맛있는데,
많은 분들이 잘 모르시는 것 같아 이 맛을 알려드리려고요.
맛에 비해 손이 덜 가는 요리라 고기순대는 항상 구비해놓는 재료 중 하나예요.
이 외에 김치, 대파, 마늘, 고추 등을 넣어 달달 볶기만 하면 요리 완성이에요.

*ingredients*

밥 3공기
고기순대 400g
대파(흰 부분) 1대
마늘 4개
청양고추 3개
김치 3~4잎
식용유 적당량
버터 2큰술
닭갈비양념장 2큰술(162쪽)
김가루 약간
참기름 0.5작은술
후춧가루 약간

**1** 대파, 마늘, 고추는 잘게 썰고, 김치는 속을 털어 잘게 썬다.

**2** 달군 팬에 식용유를 두르고 중불에서 순대를 앞뒤로 굽다가 가위로 먹기 좋게 자른다.

**3** 대파, 마늘, 고추, 김치, 버터를 넣어 3~4분간 볶다가 불을 끈다.

**4** 밥을 넣고 비빈 후 닭갈비양념장을 넣어 잘 섞는다.

- 닭갈비양념장 대신 가지고 있는 매운 양념장이나 소금, 맛소금, 굴소스, 조미료 등으로 간해도 돼요.

**5** 다시 중불에서 골고루 볶다가 김가루, 참기름, 후춧가루를 넣고 살짝 볶고, 팬에 밥을 펼쳐 밥이 바닥에 눌어붙도록 만든 후 먹는다.

- 타닥타닥 소리가 날 때 불을 꺼요.
- 다진 쪽파나 부추, 깻잎 등을 넣어도 잘 어울리고, 조미하지 않은 김에 싸서 잘 익은 김치와 먹으면 맛있어요.

# PART 2

팬으로 만드는 입맛 도는 곁들임

# 반찬

반찬이 없을 때 만만하게 해 먹을 수 있는 볶고 조리고 무치고 부치는 반찬을 소개합니다.
어릴 때부터 자주 먹던 일상적인 음식이지만
그만큼 자주 해 먹으면서 저만의 양념을 더해 더 맛깔스럽게 완성했어요.
한입에 꽉꽉 들어찬 맛 덕분에 자꾸 손이 가는 반찬은
두고두고 먹어도 질리지 않을 거예요.

# 꽈리고추대패볶음 3~4인분

잘 볶아진 꽈리고추는 보드라우면서도 살짝 쌉싸래한데,
마지막에 설탕으로 코팅하듯 볶아내면 달큼함이 더해져 맛에 균형이 잡혀요.
고소한 대패삼겹살에 양파와 대파, 꽈리고추를 듬뿍 얹어서 먹으면 식감도 좋고
한입에 채소와 고기의 풍부한 맛이 느껴져 정말 맛있어요.

*ingredients*

꽈리고추 50개
대패삼겹살 500g
양파 1개
대파 1대

**양념**
고추기름 3큰술
다진 마늘 1큰술
청주 1큰술
간장 1큰술
설탕 0.5작은술
굴소스 0.7큰술
후춧가루 약간
참기름 1작은술

**1** 꽈리고추는 꼭지를 떼고 길게 반 갈라 심과 씨를 제거하고, 양파, 대파는 채 썬다.

**2** 양념은 그릇에 분량대로 담아 준비한다.
- 센 불에서 볶는 도중에 양념을 하나하나 계량해 넣으면 재료가 타거나 과하게 익으니 미리 계량해서 준비해요.

**3** 팬에 대패삼겹살을 넣고 약간 센 불에서 살짝 노릇노릇하게 구워 덜어둔다.

**4** 팬에 고추기름을 두르고 꽈리고추를 넣어 약간 센 불에서 3분간 앞뒤로 노릇노릇하게 볶는다.
- 고추에서 타닥타닥 소리가 들리면 잘 볶아진 거예요.

**5** 양파, 대파, 마늘을 넣고 볶다가 잠깐 불을 끄고, 청주, 간장을 넣고 다시 센 불로 30초간 볶아 수분을 날린다.

**6** 구운 대패삼겹살, 설탕, 굴소스, 후춧가루를 넣고 2분 30초간 볶아 참기름을 뿌린다.
- 간이 부족하면 소금을 약간 추가해요.
- 중국간장인 노두유 1작은술을 추가하면 색깔이 진해져 맛있어 보여요.

# 뚝배기달걀찜 2인분

간단한 듯한데 제대로 만들려면 은근히 까다로운 게 뚝배기달걀찜이에요.
감칠맛을 더하려면 물 대신 다시마육수를 사용하거나,
간할 때 소금 간의 일부를 액젓으로 대신해 숨긴 맛으로 사용하는 것도 좋아요.
간은 맨입에 먹기 좋게 0.7%로 맞췄고, 소금 계량은 가는 소금 기준입니다.

*ingredients*

달걀 6개
물 150ml
대파(흰 부분) 1/2대
식용유 약간

**소금 양념**
소금 0.7작은술(3.5g)

**소금+까나리액젓 양념**
소금 0.5작은술(2.5g)
까나리액젓 0.7작은술(3.5ml)

**소금+피시소스 양념**
소금 0.5작은술(2.5g)
피시소스 0.8작은술(4ml)

1 세 가지 양념 중 원하는 맛의 양념을 골라 달걀에 잘 풀고, 물을 넣어 잘 섞는다.
- 달걀물은 체에 거르면 더 부드러워져요.

2 대파는 잘게 썬다.

3 뚝배기에 식용유를 살짝 발라 달걀물을 붓고, 바닥에 달걀이 눌어붙지 않게 중불에서 바닥 구석구석을 저어가며 끓인다.

4 달걀이 몽글몽글해지면 대파를 넣고 뚜껑을 닫아 약불에서 2~3분간 익힌다.
- 인덕션은 중앙 부분의 열이 강하니 냄비를 돌려가며 가장자리까지 골고루 익혀요.

5 달걀 가운데가 봉긋하게 부풀고 윗면의 가장자리가 85~90% 정도 익으면 불을 끄고 곧바로 그릇으로 옮긴다.
- 취향에 따라 참기름 0.5큰술을 뿌려도 좋아요.

***tip*** 달걀찜을 완성하여 불을 끌 때는 윗면이 약간 덜 익어야 바닥 부분이 적당하게 익어요. 윗면이 탄탄하게 익으면 바로 먹기에는 좋아 보이지만, 아래는 열을 많이 받아 단단해지며 푸른색으로 변해요. 그래서 딱 먹기 좋게 익은 달걀찜을 뚝배기째 먹거나 그릇에 담으면 푸른 부분이 보이는 것이죠. 달걀찜은 꼭 윗면이 85~90% 정도 익어 '조금 더 익혀야 하나?' 싶을 때 불을 끄고 그릇에 옮겨 담아요.

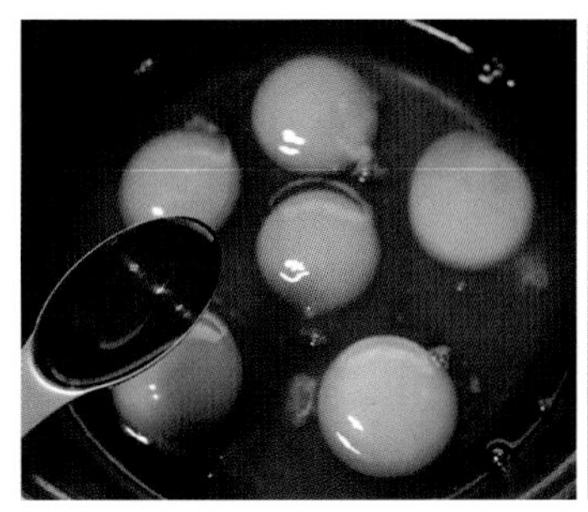

# 꼬막무침 3~4인분

언제 먹어도 맛있는 꼬막무침이 상에 오르면 그렇게 반가울 수가 없어요.
꼬막에도 간이 있으니 양념을 너무 짜지 않게 해야 맨입에 먹기에도 좋아요.
반찬으로 짭조름하게 하려면 전체 양념의 양을 25% 가량 늘려서 만들어요.

*ingredients*

꼬막 1kg(손질 후 약 300g)
쪽파 5~6대
청주 200ml

**양념**
고춧가루 2작은술
다진 마늘 1큰술
간장 1.5큰술
참기름 1큰술
통깨 약간

1 냄비에 씻은 꼬막, 청주를 넣어 뚜껑을 닫아 센 불로 끓인다.

2 끓어오르면 뚜껑을 열어 한 번 저은 후 다시 뚜껑을 닫아 가장자리가 끓고 꼬막 몇 개가 입을 벌리면 불을 끄고 꼬막을 건진다.

3 꼬막을 살짝 식혀 꼬막살을 발라낸다.
• 입을 벌리지 않은 꼬막은 껍질 뒷부분에 숟가락을 넣어 비틀면 쉽게 분리돼요.

4 꼬막살에 살짝 잠길 정도의 물을 부어 가볍게 헹구고, 체에 밭쳐 물기를 뺀다.

5 쪽파는 송송 썬다.

6 꼬막에 쪽파, 양념 재료를 모두 넣어 무친다.

# 오징어채볶음 6인분

반찬이 없을 때 만만한 밑반찬 중에 하나가 오징어채볶음이에요.
계절에 상관없이 재료를 살 수 있고 오래도록 먹어도 질리지 않거든요.
평범한 반찬이지만, 고추기름을 넣어 풍부한 맛이 느껴져요.

*ingredients*

오징어채 400g(진미채)

**양념 ①**

설탕 3큰술
고운 고춧가루 3큰술
다진 마늘 3큰술
간장 6큰술
물엿 4큰술
고추장 4큰술

**양념 ②**

고추기름 4큰술
참기름 2큰술
후춧가루 약간
통깨 적당량

**1** 오징어채는 5cm 길이로 먹기 좋게 썰고, 찜통에 5분간 찌거나 생수에 15분간 담갔다 꼭 짠다.

- 오징어채는 제품마다 건조도가 다른데, 한 번 찌거나 불리면 부드러워져요.

**2** 팬에 양념 ①의 재료를 넣고 중불에서 끓인다.

**3** 양념이 끓으면 오징어채를 넣어 불을 끄고 양념과 함께 잘 섞는다.

**4** 다시 중약불에서 양념이 밸 때까지 6~7분간 더 볶는다.

**5** 불을 끄고 양념 ②의 재료를 모두 넣어 골고루 섞는다.

***tip*** 양념에 마요네즈를 넣으면 조금 더 부드럽게 먹을 수 있지만 보관 기간을 늘리기 위해 넣지 않았어요. 먹기 전에 접시에 덜어서 마요네즈를 1큰술 정도 넣어도 좋아요.

# 배추전 2~4인분

특별한 양념 맛이나 화려한 맛은 없어도 배추의 담백하고
달보드레한 맛을 살려 보드랍게 부친 배추전입니다.
앞뒤로 노릇노릇하게 잘 부쳐서 세로로 길게 찢어 양념간장에 살짝 찍어 먹으면
단순하면서도 포근한 맛이 좋아 계속 집어 먹게 돼요.

*ingredients*

알배춧잎 10장
부침가루 1컵
물 240ml
식용유 적당량

**양념간장**
다진 쪽파 3큰술
고춧가루 0.5큰술
다진 마늘 1작은술
참기름 1큰술
간장 2큰술
통깨 약간

**1** 양념간장 재료를 순서대로 섞어 빡빡한 양념간장을 만든다.

**2** 배추는 씻어서 물기를 제거하고, 칼등이나 고기망치로 줄기 부분만 앞뒤로 두세 번 탕탕 쳐 숨을 죽인다.

- 배추에 물기가 있을 땐 밀가루를 살짝 묻혀 반죽에 넣어야 반죽이 분리되지 않아요.

**3** 부침가루와 물을 섞어 약간 묽게 반죽한다.

- 부침가루와 메밀가루를 반씩 섞거나, 반죽에 밥새우 1큰술, 피시소스나 액젓 1작은술을 넣어도 좋아요.

**4** 달군 팬에 식용유를 두르고 배추를 반죽에 푹 담갔다 빼 여분의 반죽이 떨어지면 팬에 넣어 중불에서 앞뒤로 노릇노릇하게 굽는다.

**5** 구운 배추전은 눅눅해지지 않도록 채반 등에 올려 잠시 식힌 후 접시에 담는다.

***tip***

- 봄동이나 여린 단배추(어린 배추)로 부쳐도 맛있는데, 억세면 소금 간을 약간 하거나 아주 살짝 데쳐서 만들기도 해요.
- 반죽이 되직하면 배추 사이사이에 너무 많이 묻어나 배추전의 연하고 얇은 식감이 사라지니 약간 묽게 반죽해요.
- 양념간장을 레시피 없이 눈대중으로 만들 때 부피가 큰 쪽파를 바로 간장에 넣으면 간장을 생각보다 많이 넣게 되니 다른 재료를 모두 넣고 간장을 마지막에 부어요. 쪽파 대신 달래를 쓸 때는 달래의 부피가 크지 않아 간장을 먼저 넣어도 괜찮아요.

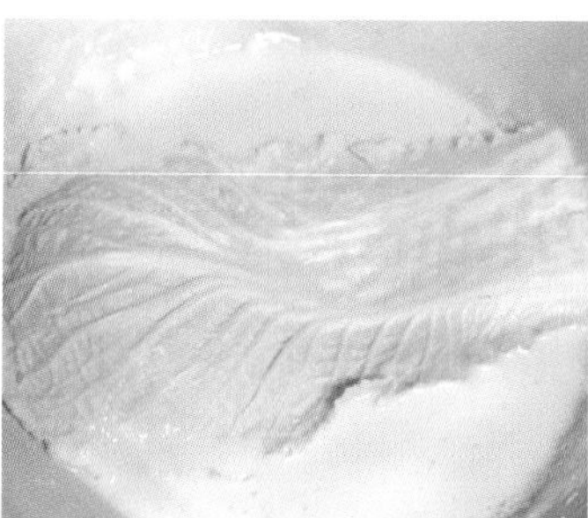
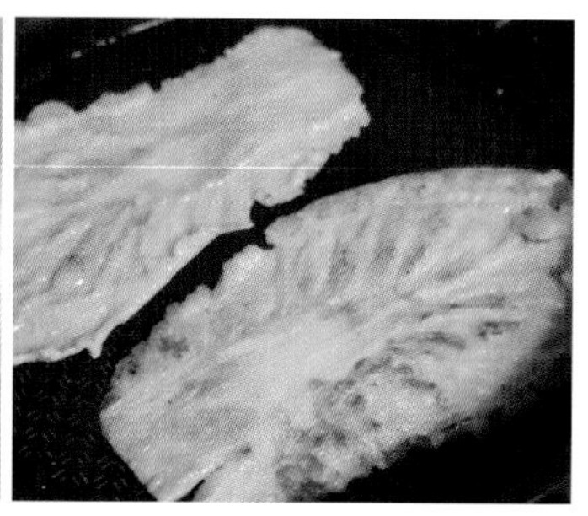

# 닭무침 2~3인분

닭무침은 쫄깃한 닭가슴살과 매콤하고
새콤달콤한 오이, 양파가 아삭아삭하게 씹혀 정말 맛있어요.
냉면이나 냉국수, 주먹밥이나 유부초밥을 먹을 때도 잘 어울리죠.
진공 포장된 시판 닭가슴살을 사용하면 편하고,
생닭가슴살은 물에 소금을 넣고 삶아서 사용해요. 모자란 간은 소금으로 해요.

*ingredients*

냉장완조리닭가슴살 2개(200g)
오이 1개
양파 1개
소금 3큰술
물엿 3큰술
소금 약간
물엿 3큰술

**양념**
고춧가루 1.5큰술
다진 마늘 1큰술
다진 대파(흰 부분) 1대
2배사과식초 1큰술
간장 1큰술
조청 1큰술
참기름 0.5큰술
연겨자 1작은술
후춧가루 약간

**1** 양념 재료는 잘 섞는다.

**2** 오이는 길게 반 갈라 씨를 제거해 어슷하게 썰고, 양파는 채 썰고, 닭가슴살은 먹기 좋게 결대로 찢는다.

- 냉동완조리닭가슴살은 해동 후 중탕하거나 전자레인지로 가열해 데우고, 생닭가슴살은 삶아서 사용해요. 닭가슴살을 완전히 식힌 후에 양념과 버무려주세요.

**3** 오이, 양파는 각각 소금 1.5큰술, 물엿 1.5큰술을 넣고 10~15분간 절여 물기를 꼭 짠다.

**4** 볼에 닭가슴살, 오이, 양파, 양념을 넣고 골고루 무친다.

***tip*** 닭무침은 물기 없이 빡빡해야 맛있는데, 2배사과식초를 사용하면 양념에 수분이 적어 딱 적당해요. 일반 식초를 사용할 땐 오이, 양파의 물기를 더 공들여 짜고, 3배사과식초를 사용해도 좋아요.

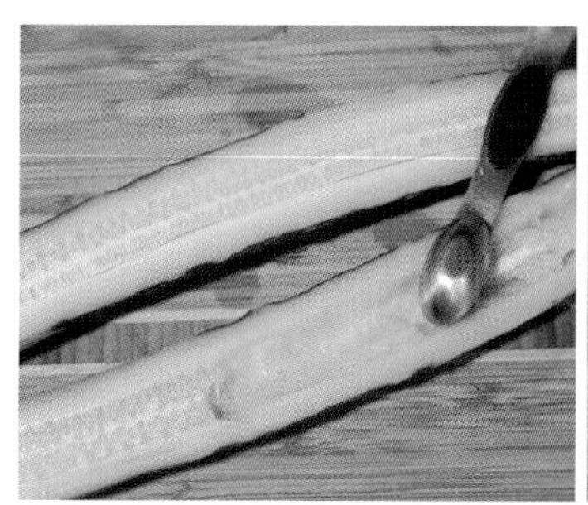

# 감자조림 3~4인분

겉은 약간 쫀득쫀득하고 안은 파슬파슬하게 잘 익은 감자조림은

짭조름하고 달콤한 간이 적당해서 밥반찬으로 아주 좋아요.

물 대신 황태육수를 사용하면 감칠맛이 더 좋아요.

*ingredients*

감자 4개(550g)
양파 1개(200g)
식용유 약간
황태육수 300ml
(16쪽/혹은 물)
후춧가루 약간
참기름 2작은술
통깨 약간

**양념**

다진 대파 1/2대
다진 마늘 1큰술
간장 3큰술
맛술 1큰술
물엿 1.5큰술
피시소스 0.5작은술
베트남고추 5~6개(선택)

**1** 감자, 양파는 먹기 좋게 깍둑썬다.

**2** 달군 팬에 식용유를 두르고 중약불에서 감자를 굽다가 살짝 노릇노릇해지면 양파를 넣어 볶는다.

**3** 육수를 넣고 센 불에서 끓어오르면 중불로 줄여 양념 재료를 넣고 감자가 폭신하게 익도록 10~15분간 저어가며 졸인다.

**4** 감자가 잘 익고 양념이 알맞게 졸아들면 후춧가루, 참기름, 통깨를 뿌린다.

- 간이 부족하면 피시소스 0.5작은술을 더 넣어요.
- 감자가 덜 익었을 때 국물이 없다면 물을 보충해 끓이고, 간도 맞고 국물도 적당한데 감자가 약간 살캉하다면 뚜껑을 덮어 여열로 익혀요.

# 고구마줄기조림 3~4인분

제철인 여름에만 먹을 수 있는 고구마줄기는
아삭아삭하면서도 부드러운 식감이 좋아요. 익는 동안 간장과 조청,
마늘, 육수의 맛을 흡수해서 씹을 때마다 구수한 맛이 나요.
껍질을 벗기는 게 힘들면 시장에서 껍질 벗긴 고구마줄기를 구입해서 만들면 편해요.

*ingredients*

껍질 벗긴 고구마줄기 200g
소금 0.5큰술
멸치육수 150ml(16쪽/혹은 물)
식용유 1큰술
참기름 1작은술
통깨 약간

**양념**

고춧가루 1큰술
다진 마늘 0.5큰술
다진 쪽파 1큰술(혹은 대파)
국간장 1작은술
조청 1작은술

**1** 껍질 벗긴 고구마줄기는 먹기 좋게 썬다.

- 생고구마줄기는 단단한 부분을 부러뜨려가며 껍질을 벗겨요.

**2** 넉넉한 물에 소금을 넣어 끓어오르면 고구마줄기를 넣고 5분간 삶아 건진다.

**3** 달군 팬에 식용유를 두르고 중불에서 고구마줄기를 3분간 볶는다.

- 식용유 대신 들기름을 쓰면 더 맛있어요.

**4** 육수, 양념 재료를 모두 넣고 중불에서 7분간 저어가며 자작하게 졸인다.

- 그릇에 담았을 때 바닥에 양념이 살짝 깔리는 정도로 졸이면 적당해요.

**5** 식혀서 참기름, 통깨를 뿌린다.

***tip*** 고구마줄기에 들기름, 양파, 다진 마늘을 넣어 중불에서 볶다가 국간장으로 간해 참기름, 통깨를 뿌리면 고구마줄기볶음이 돼요.

# 불고기파전 3~4인분(3장)

해물파전 못지않게 맛있는 불고기파전은 그냥 먹어도 간이 맞고
초간장을 곁들여도 좋아요. 불고기파전은 아주 얇은 샤부샤부용 고기를 사용해
양념하자마자 요리해야 고기에서 수분이 나오지 않아요.
도톰한 불고기용 고기를 쓰면 수분이 빠져나와 고기와 파전이 분리되니 한 번 볶아서 올려요.

*ingredients*

쪽파 200g(3줌)
청양고추 2개
홍고추 1개
달걀 2개
소고기(샤부샤부용) 300g
부침가루 200g
찬물 350ml
식용유 적당량

**소고기양념**
다진 마늘 1큰술
간장 4작은술
설탕 2작은술
후춧가루 약간

**1** 쪽파는 물기를 제거해 5cm 길이로 썰고, 고추는 송송 썰고, 달걀은 잘 푼다.

**2** 소고기는 가위로 먹기 좋게 잘라 소고기양념을 넣어 밑간한다.

**3** 부침가루, 물을 섞어 반죽하고, 쪽파를 넣어 골고루 섞는다.

**4** 달군 팬에 식용유를 넉넉히 두르고 중불에서 반죽을 올려 쪽파를 잘 펼친다.

**5** 윗면이 다 익기 전에 소고기를 조금씩 떼어 파전 가장자리까지 골고루 올린 후 고추를 얹는다.

**6** 파전 위에 반죽, 달걀물을 숟가락으로 얇게 펴 올려 고추와 고기가 잘 밀착되게 만든다.

**7** 바닥면이 노릇노릇하게 익으면 뒤집개를 깊숙이 넣어 고기가 흩어지지 않게 뒤집고 앞뒤로 마저 잘 굽는다.
- 뒤집은 후 가장자리에 식용유를 둘러서 4~5분간 바삭하게 구워요.

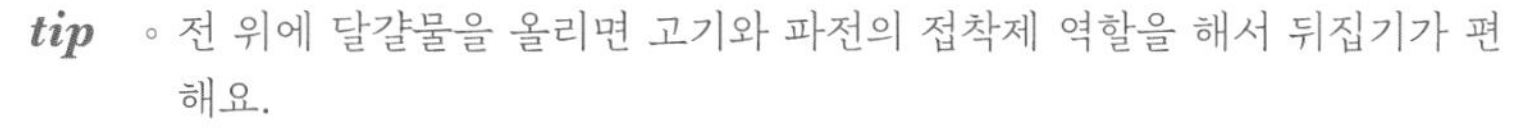

***tip***
- 전 위에 달걀물을 올리면 고기와 파전의 접착제 역할을 해서 뒤집기가 편해요.
- 토핑이 많아서 파전이 무겁다면 가위로 4등분해서 하나씩 뒤집어요.

# 두부조림 3~4인분

두부의 물기를 빼서 노릇노릇하게 굽고
매콤하고 짭짤한 양념장을 끼얹어가며 조린 두부조림이에요.
두부조림에서 가장 중요한 것은 두부인데요,
때에 따라 부드러운 두부나 단단한 두부를 골라 사용합니다.
시장에서 파는 모두부나 마트에서 파는 초당두부를 사용하면 좋아요.

*ingredients*

초당두부 1모(550g)
식용유 적당량
참기름 0.5큰술
통깨 약간

**양념**
물 200ml
고춧가루 2큰술
다진 마늘 1큰술
간장 1큰술
피시소스 1큰술
설탕 0.5작은술
다진 대파(흰 부분) 1대
(혹은 쪽파)

**1** 두부는 1.2cm 두께로 큼직하게 썬다.
- 시간이 넉넉하다면 키친타월에 두부를 올려 30분간 물기를 빼요.

**2** 달군 팬에 식용유를 두르고 중불에서 두부를 앞뒤로 노릇노릇하게 구워 덜어둔다.

**3** 같은 팬에 양념 재료를 모두 넣고 중불에서 끓인다.

**4** 양념이 끓으면 두부를 넣고 양념장을 끼얹어가며 5분간 졸이다가 불을 끄고 참기름, 통깨를 넣는다.
- 국물이 원하는 농도보다 약간 덜 졸았을 때 불을 끄고 여열로 익히면 바닥에 국물이 거의 남지 않아요.
- 팬 가장자리에 국물이 고여 있어도 두부를 떠 보면 바닥에 국물이 없어 딱 알맞아요.

***tip***
- 고춧가루는 보통 고춧가루와 고운 고춧가루를 1큰술씩 넣으면 좋아요.
- 대파나 쪽파는 토치나 직화로 겉면을 그을리거나 마른 팬에 구워서 넣으면 향이 살아나요.
- 끓어오르는 양념 위에 두부를 놓으면 바닥에 깔린 양념을 두부 위로 떠 올리기 번거로워요. 끓어오른 양념과 쪽파, 마늘을 숟가락으로 떠서 양념이 없는 자리에 두부를 놓고 두부 위에 양념을 올리면 국물을 끼얹어가며 졸이기 편해요.

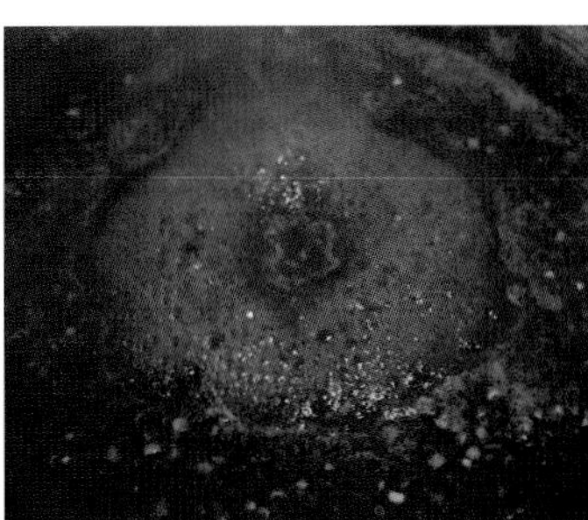

# 참치전 3~4인분

참치전은 참치의 수분을 제거하고 달걀과 밀가루를 섞어서 부치는 게 보통인데,
참치의 국물을 버리지 않고 그대로 팬에 붓고 볶아서 전을 만들면 훨씬 더 고소해요.
재료는 참치와 달걀만으로 충분하고, 따로 간할 필요도 없지요.
쪽파나 대파, 청양고추, 깻잎을 다져 넣어도 좋아요.

*ingredients*

참치통조림 1캔(250g)
달걀 2개(최대 3개)
후춧가루 약간
식용유 적당량

**1** 팬에 참치를 국물째 넣고 중불에서 덩어리가 잘게 으깨지도록 주걱으로 눌러가며 물기 없이 바싹 볶는다.

**2** 볶은 참치는 완전히 식힌다.

**3** 달걀은 잘 풀고, 달걀에 볶은 참치, 후춧가루를 넣고 참치가 덩어리지지 않게 잘 섞는다.

- 잘게 다진 쪽파나 대파를 넣어도 좋아요.

**4** 달군 팬에 식용유를 두르고 중불에서 참치달걀을 한 숟가락씩 올려 앞뒤로 노릇노릇하게 구운 후 망에 올리거나 비스듬히 겹쳐 식힌다.

***tip***

◦ 볶은 참치를 팬째로 식혀 고르게 펼친 후 달걀물을 팬에 바로 부어 부침개처럼 구워도 편해요. 뒤집개를 세로로 세워서 전을 갈라가며 뒤집어요.

◦ 볶은 참치를 식혀서 마요네즈를 섞으면 참치마요가 돼요. 주먹밥이나 참치마요덮밥으로 활용해요.

# 청포묵무침 2인분

한정식 식당의 단골 메뉴 청포묵무침을
청포묵, 소고기, 지단, 김만으로 간단하게 만들었어요.
말랑말랑한 청포묵에는 새콤한 초간장을 넣고
심심한 듯 무쳐야 재료의 맛을 하나하나 느낄 수 있어요.
질감까지 서로 잘 어울리는 재료들을 한데 모아 호록록호로록 먹어봐요.

*ingredients*

청포묵 1팩(320g)
소고기(불고기용) 150g
김 1~2장
달걀 2개
소금 약간
식용유 약간
간장 1작은술
후춧가루 약간

**초간장**

설탕 1.5큰술
간장 1큰술
식초 1.5큰술
참기름 0.5큰술

**1** 초간장 재료는 잘 섞어 설탕을 완전히 녹인다.

**2** 청포묵은 3mm 두께로 썰고, 소고기는 채 썰고, 김은 고명용으로 가늘게 자른다.

- 김을 구워서 김가루처럼 부수어도 좋아요.

**3** 달걀은 소금을 넣어 잘 풀고, 팬에 식용유를 두르고 달걀물을 부어 중불에서 얇은 지단을 부친 후 식혀서 가늘게 썬다.

**4** 달군 팬에 소고기를 넣고 중불에서 붉은색이 없어질 때까지 볶다가 간장, 후춧가루를 넣고 물기 없이 바싹 볶아 덜어둔다.

**5** 끓는 물에 청포묵을 넣고 청포묵이 투명해질 때까지 데친 후 헹궈 물기를 뺀다.

- 청포묵은 미리 데쳐두면 보들보들한 식감이 줄고 뚝뚝 끊기니 데친 후 바로 요리해 먹어요.

**6** 청포묵에 초간장을 뿌리고 소고기, 지단, 김을 얹어 청포묵이 부서지지 않도록 가볍게 무친다,

***tip*** 데친 숙주나 데친 미나리, 다진 마늘이나 다진 쪽파를 넣어도 좋아요.

# 소고기가지볶음

3~4인분

그냥 구운 가지보다 절여서 구운 가지가 훨씬 맛있다는 사실을 아시나요?

절여서 구운 가지에 알알이 씹히는 소고기를

맛깔스러운 간장 양념으로 볶았더니 더 맛있어졌어요.

가지는 달큼하고 보드랍게 맛 좋고,

소고기는 짭조름하고 달달해서 맛과 향, 식감까지 맘에 쏙 들 거예요.

*ingredients*

가지 4개
다진 소고기 200g
소금 약간
다진 마늘 0.5큰술(선택)
다진 대파 1큰술(선택)
올리브유 8큰술
후춧가루 약간
참기름 1작은술

**양념**

간장 1.3큰술
설탕 2작은술
맛술 2작은술

**1** 가지는 양끝을 제거하고 0.8~1cm 두께로 동그랗게 썬다.

**2** 바닥에 소금을 흩뿌려 가지를 올리고, 다시 가지 위에 소금을 흩뿌려 30분~1시간 정도 절인다.

- 달걀프라이에 간하는 정도로 아주 소량의 소금을 사용해요.

**3** 절인 가지는 키친타월로 꾹꾹 눌러 수분을 제거한다.

**4** 달군 팬에 올리브유를 두르고 가지를 올린 후 다시 가지 위에 올리브유를 살짝 뿌려가며 중불에서 구워 덜어둔다.

- 팬에 올리브유 1큰술을 둘러 가지 1개를 올리고 다시 가지 위에 올리브유 1큰술을 뿌려 가지 4개에 8큰술의 올리브유를 사용해요.
- 가장자리에 기름을 확 부으면 가지가 기름을 곧바로 흡수하니 기름 분배를 잘 해요.
- 가지는 굽는 시간이 오래 걸리니 앞뒤로 천천히 노릇노릇하게 구워요.

**5** 달군 팬에 소고기를 넣고 중불에서 붉은색이 없어질 때까지 볶다가 마늘, 대파를 넣어 물기 없이 바싹 볶는다.

**6** 소고기가 익으면 가지를 넣어 잘 섞은 후 양념 재료를 넣고 약간 센불에서 2~3분간 볶는다.

**7** 양념의 수분이 날아가고 가지와 소고기에 간이 배면 불을 끄고 후춧가루, 참기름을 섞는다.

***tip*** ◦ 양념에 소고기맛조미료나 혼다시를 1g(1꼬집) 정도 넣으면 더 맛있어요.
◦ 미리 만들어 둔 덮밥소스(34쪽)가 있다면 양념 대신 덮밥소스 3큰술을 사용해요.

# 생선전 4~5인분

생선전은 동태로 만드는 게 보편적이지만 민어나 대구, 달고기, 가자미 등의 흰 살 생선을 잔가시 없이 잘 손질한 것으로 만들면 더 맛있어요. 마트에서는 손질된 가자미살을 사면 편해요. 담백한 맛의 생선전은 속살이 부드러우면서 촉촉하고 달걀옷이 폭신폭신해서 맛있게 먹을 수 있어요.

*ingredients*

흰 살 생선살 500g
(달고기, 동태, 가자미 등)
달걀 4개
소금 약간
후춧가루 약간
부침가루 적당량
식용유 적당량

**1** 달걀에 소금을 넣고 잘 푼다.

- 달걀에 가는 소금을 아주 소량 넣어 소금이 완전히 녹도록 저은 후 그대로 두었다 사용해요.

**2** 생선살은 키친타월로 물기를 제거하고, 칼을 비스듬히 넣어 얇게 포 뜬 후 후춧가루를 아주 약간 뿌린다.

- 냉동생선은 냉장실에서 완전히 해동한 후 물기를 닦아야 부침가루가 뭉치지 않아요.

**3** 생선살에 부침가루를 묻힌 후 털고 한 장 한 장 펼쳐둔다.

- 여분의 부침가루를 털어내야 달걀물이 잘 묻어요. 부침가루를 미리 묻혀두면 생선의 수분으로 가루옷이 젖으니 팬에 올릴 만큼씩만 작업해요.

**4** 생선살에 달걀물을 입힌다.

**5** 달군 팬에 식용유를 두르고 생선을 올려 중약불에서 앞뒤로 노릇노릇하게 굽고, 망에 올려 식힌다.

- 키친타월 위에 올리거나 넘어진 도미노처럼 비스듬히 걸치게 쌓아 식혀도 돼요. 기름과 수증기가 빠져야 겉면이 축축하지 않아요.

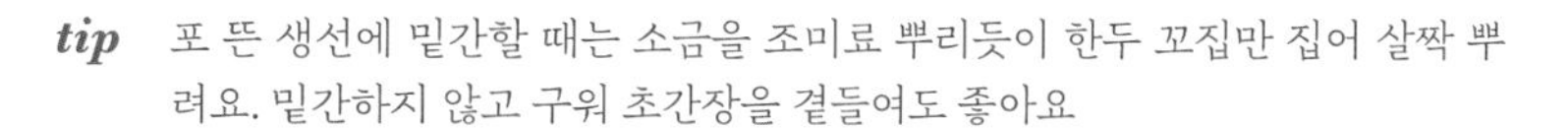

***tip*** 포 뜬 생선에 밑간할 때는 소금을 조미료 뿌리듯이 한두 꼬집만 집어 살짝 뿌려요. 밑간하지 않고 구워 초간장을 곁들여도 좋아요.

# 육전 2~4인분

육전은 양념 맛보다 어떤 고기를 사용하는지가 맛에 그대로 반영돼요.
기름이 아주 많은 구이용 고기를 제외하고 구워 먹어도 맛있는 고기를 사용한다면,
소금만 뿌리거나 달걀옷을 입혀서 구워도 맛있어요.
육전은 바싹 부치지 않고 달걀옷이 노릇노릇해질 정도로만 익혀 다양한 무침과 함께 먹어요.

*ingredients*

소고기 육전용 500g
(혹은 구이용 얇은 소고기)
소금 적당량
후춧가루 적당량
부침가루 적당량
달걀 3~4개
식용유 적당량

**1** 고기는 아주 얇은 것으로 준비해 쟁반이나 포일 위에 한 장 한 장 펼친다.

- 썰어둔 육전용 고기를 구입했다면 키친타월로 겉면의 수분을 톡톡 제거해요.

**2** 고기 한 면에만 소금, 후춧가루로 밑간하고, 부침가루를 앞뒤로 뿌려 탈탈 턴다.

- 한 번에 구울 정도씩만 부침가루를 묻혀 바로 달걀물을 묻혀요.
- 소고기는 소금에 찍어 먹을 정도의 소금으로 간하는데, 달걀물에 소금을 넣지 않았으니 찍어 먹을 때보다 소금을 조금 넉넉하게 뿌려요.

**3** 달걀은 잘 풀고, 고기에 달걀물을 입힌다.

- 달걀물에 소금을 넣어 육전을 부치면 처음 부친 육전과 마지막에 부친 육전의 간이 달라지니 달걀물에는 간을 하지 않아요.

**4** 달군 팬에 식용유를 두르고 중불에서 육전을 올려 앞뒤로 굽는다.

- 바로 먹을 육전은 너무 바싹 익히지 말고 겉의 달걀이 익을 정도로만 익혀요.
- 육전을 한 판 부친 후 다시 팬을 닦아가며 부쳐야 깔끔해요.

***tip***

- 육전은 망이나 키친타월 위에 얹어 잠시 식혔다가 접시에 담아 먹는 것이 좋아요. 바로 접시에 담으면 고기가 여열로 익으면서 육즙이 빠져나와 달걀옷이 젖으며 식감이 떨어져요. 열이 빠져나갈 공간과 시간을 준 다음 접시로 옮기면 육전이 축축하지 않아 더 맛있어요.
- 육전은 상추무침, 대파무침, 알배추무침(250쪽)을 곁들여 먹으면 좋아요.
- 저렴한 부위인 꾸리살, 보섭살, 홍두깨살을 쓸 때는 근막이나 힘줄 등을 꼼꼼하게 손질해 아주 얇게 썬 후 고기망치로 두드려 근섬유를 쪼개는 방식으로 연육해요. 생고기 상태로는 얇게 썰기 어려워 냉동실에 3시간 이상 보관하는데, 고기 덩어리의 크기에 따라 냉동하는 시간이 달라져요.

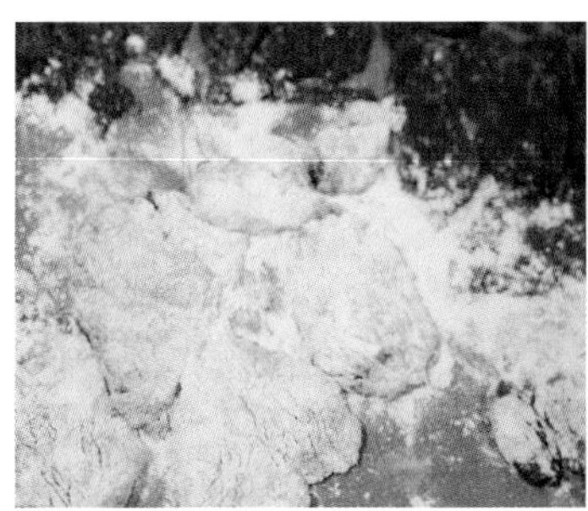
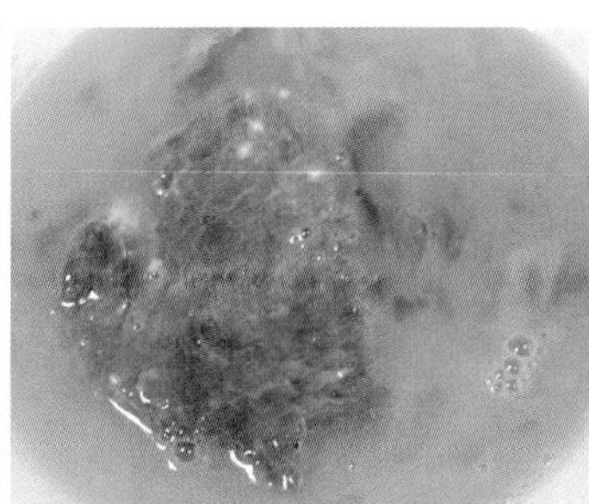

# 우엉조림 4인분

가늘게 채 썰어서 쫀득하고 바특하게 졸여서 만든 우엉조림이에요.
마지막 단계에서 바싹 졸이며 볶아서 쫀득한 맛이 더 좋아졌어요.
그대로 반찬으로 먹어도 맛있고 김밥이나 유부초밥에 사용해도 좋아요.

*ingredients*

우엉 400g(손질 후 분량)
물 1200ml
설탕 1큰술
간장 3큰술
맛술 3큰술
청주 3큰술
물엿 4큰술(간보고 가감)
올리브유 1~2큰술
(혹은 식용유)
참기름 2큰술

**1** 우엉은 필러로 껍질을 벗기고 슬라이스채칼로 어슷하게 썰자마자 물에 담갔다 건져 가늘게 채 썬다.

- 볼에 물을 붓고 그 위에 슬라이스채칼을 얹어 우엉을 슬라이스하면 우엉이 썰리자마자 물에 담겨요. 오래 담글 필요 없이 슬라이스를 다 하면 꺼내어 채 썰어요.
- 우엉을 식촛물에 담그면 우엉에서 식초 맛이 나니 맹물에 담가요.

**2** 냄비에 물 1000ml, 우엉을 넣고 중불에서 20분간 삶는다.

- 우엉을 바로 졸여도 되지만 삶아서 졸이면 더 쫀득해요.

**3** 우엉을 건져 팬에 옮기고, 물 200ml, 설탕, 간장, 맛술, 청주를 넣고 중불에서 바싹 졸인다.

- 처음에는 간만 맞추고 단맛은 수분이 다 졸아든 후에 물엿으로 맞춰요.

**4** 간장물이 완전히 졸아들면 물엿을 1큰술씩 최대 4큰술까지 넣어가며 볶다가 마지막에 물엿이 완전히 졸아들도록 볶는다.

**5** 올리브유를 넣고 볶다가 참기름을 넣어 물기 없이 바싹 볶고, 불을 끄고 여열로 마저 볶는다.

***tip***

◦ 채칼은 손에 힘을 빼고 사용해야 얇게 썰려요.

◦ 우엉조림은 졸이는 시간보다 우엉의 상태를 봐가며 타지 않게 볶아요. 다 볶아진 것 같아도 우엉이 좀 더 바싹 말라 쫀쫀하고 윤기가 나며 투명해질 때까지 볶는 게 좋아요. 우엉에 스민 간장물이 빠져나와 다시 졸여지면서 색감이 진해지고 간도 짜지 않게 맞춰지며, 첫맛은 살짝 아삭하고 끝맛은 쫀쫀하게 마무리됩니다.

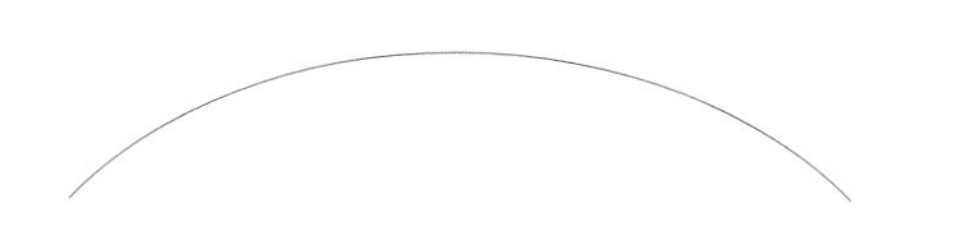

# 무나물 4~5인분

무나물은 달큼하고 시원한 맛이 좋은 데다 재료도 간단하고 만들기도 편해요.
바특하게 볶지 않고 국물이 자작하게 만들어두면 반찬으로 먹어도, 밥을 비벼 먹어도 맛있어요.
무는 파란 부분은 생채, 하얀 부분은 조림이나 나물 등 숙채에 사용해요.

*ingredients*

무 1/2개
대파 1/2대
물 1.5컵(혹은 멸치육수/16쪽)
다진 마늘 1큰술
국간장 1큰술
액젓 1큰술
통깨 약간

**1** 무는 둥글게 가로로 토막 내 둥근 면을 바닥에 두고 세로로 얇게 썬 후 채 썬다.
- 세로로 결을 맞춰서 썰면 무가 잘 부서지지 않아요.

**2** 대파는 송송 썬다.

**3** 냄비에 무, 물, 마늘, 국간장, 액젓, 대파를 넣고 중약불에서 15~20분간 끓인다.

**4** 무가 다 익으면 불을 끄고 뚜껑을 덮어 식을 때까지 여열로 익힌 후 통깨를 뿌린다.
- 싱거우면 액젓을 추가해요.

***tip***
- 무를 쌈무처럼 둥글게 썰어서 채 썰 때는 조금 두껍게 채 썰면 잘 부서지니 아주 얇게 썰어요. 과정 1번처럼 무를 세로 방향으로 채 썰면 조금 두꺼워도 부서지지 않아요.
- 간을 맞추느라 육수를 많이 부어 국물이 많아졌으면 남은 국물은 덜어서 된장찌개나 국에 사용해요.
- 무나물은 깨끗한 젓가락으로 덜어 먹으면 4~5일간 냉장 보관할 수 있어요.

# 두부달걀부침 2~4인분

두부를 부치고 달걀물을 부어 포근하게 구워내는 두부달걀부침입니다.

집에 있는 재료로 편하게 만들기 좋아요.

두부가 한 판에 다 올라가는 크기의 팬을 사용해야 달걀물을 부었을 때

두부에 달걀옷이 도톰하게 잘 입혀져요.

*ingredients*

두부 1모(300g)
쪽파 4대
달걀 3개
소금 적당량
후춧가루 약간
식용유 적당량
고춧가루 약간
통깨 약간
간장 1큰술
참기름 1큰술

1 두부는 1cm 두께로 썰고 키친타월에 올려 소금을 뿌린 후 30분 이상 두어 물기를 빼고, 쪽파는 송송 썬다.

2 달걀은 소금, 후춧가루, 쪽파를 넣고 잘 푼다.

3 달군 팬에 식용유를 두르고 중불에서 두부를 앞뒤로 노릇노릇하게 굽는다.

4 두부에 달걀물을 고르게 부어 중약불로 줄이고, 두부를 살짝 들어 올려 바닥에 달걀물을 펼치며 앞뒤로 굽다가 먹기 좋게 하나씩 분리한다.

5 구운 두부달걀부침에 고춧가루, 통깨를 흩뿌리고 간장, 참기름을 뿌린다.

• 간장과 참기름은 숟가락이나 그릇에 덜어서 뿌려야 한쪽에 몰리지 않아 간이 골고루 잘 맞아요.

# 가지고추감자볶음 3~4인분

가지와 고추, 감자를 굽고 튀겨서 만드는 중국 요리 지삼선을
한식 양념으로 응용해 만들었어요. 튀기는 대신 재료를 잘 볶고,
한식의 매콤한 맛을 더해 매콤짭짤한 양념으로 맛을 냈습니다.
폭신폭신한 감자와 가지의 식감에 볶아서 향이 더 살아난 고추의 조합이 꽤 잘 어울려요.

*ingredients*

가지 3개(크면 2개)
오이고추 10개
(혹은 피망 2~3개)
감자 3~4개
소금 약간
식용유 적당량
다진 대파(흰부분) 1대
다진 마늘 1큰술
참기름 1작은술

**양념**

멸치황태육수 100ml
(16쪽/혹은 물)
설탕 0.5큰술
고운 고춧가루 1큰술
간장 0.5큰술
피시소스 0.5큰술

**물전분**

감자전분 0.5큰술
물 1큰술

*tip*

- 대패삼겹살이나 구이용 돼지고기를 구워서 곁들이면 잘 어울려요.
- 채소의 크기가 제각각이라 레시피대로 만들어도 조금 싱거울 수 있어요. 중간중간 간을 보고 부족하면 간장이나 피시소스를 조금 넣고, 완성 후에는 소금으로 간해요.

**1** 가지는 1cm 두께로 어슷하게 썰고, 바닥에 소금을 흩뿌려 가지를 올린 후 다시 가지 위에 소금을 흩뿌려 30분 정도 절인다.

- 달걀프라이에 간하는 정도로 아주 소량의 소금을 사용해요.

**2** 절인 가지는 키친타월로 꾹꾹 눌러 수분을 제거한다.

**3** 고추는 길게 반 갈라 씨를 제거해 어슷하게 썰고, 감자는 3mm 두께로 둥글게 썬다.

**4** 양념 재료는 잘 섞고, 물전분도 따로 잘 섞어둔다.

**5** 마른 팬에 가지를 올리고 약간 센 불에서 가지 1개당 식용유를 1큰술씩 가지 위에만 뿌려가며 기름지지 않게 구워 덜어둔다.

**6** 달군 팬에 식용유를 둘러 중불에서 감자를 앞뒤로 완전히 익혀 덜어두고, 다시 식용유를 둘러 고추를 3분간 볶아 덜어둔다.

**7** 달군 팬에 식용유 2큰술을 두르고 약간 센 불에서 대파, 마늘을 볶다가 섞은 양념을 넣어 끓어오르면 불을 끈 후 물전분을 넣고 잘 젓는다.

- 물전분이 굳었으면 숟가락으로 뭉친 부분을 잘 풀어서 뿌려요.
- 식용유 대신 고추기름 2큰술을 써도 좋아요.

**8** 다시 중불에서 가지, 감자, 고추를 넣어 양념과 잘 섞이도록 1분간 볶다가 불을 끄고 참기름을 섞는다.

- 기호에 따라 소금으로 간해요.

# 녹두빈대떡 3~4인분

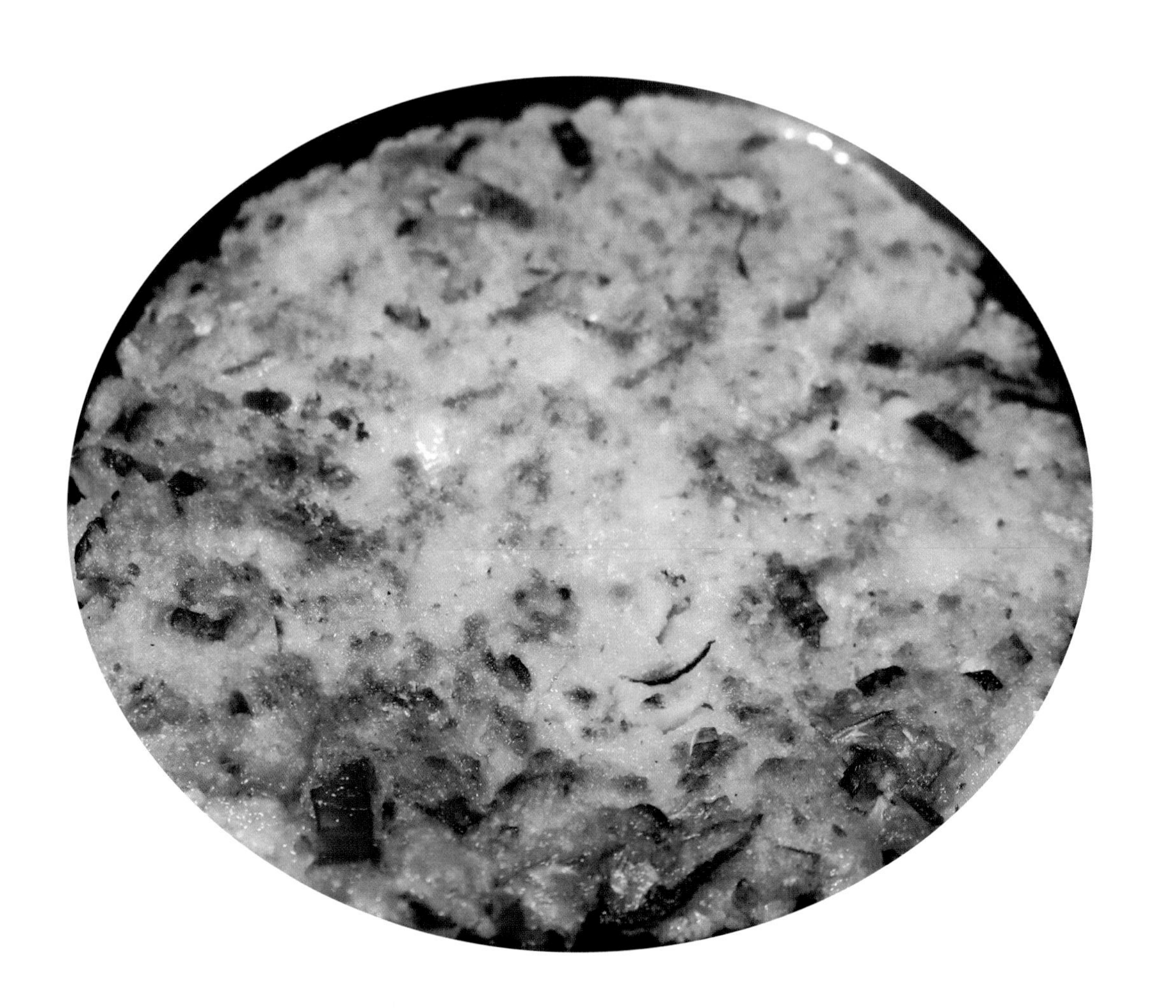

녹두로 만든 녹두빈대떡은 고소하고 바삭한 와중에 고기, 김치, 청양고추 각각의 맛이
골고루 느껴져요. 취향에 따라 고사리나 숙주를 데쳐서 넣어도 좋아요.
초간장이나 양파장아찌에 청양고추를 송송 썰어 넣어 함께 먹으면 더 맛있어요.

*ingredients*

깐 녹두 2컵
녹두 불린 물 5~12큰술
다진 돼지고기 200g
대파 1대
청양고추 4개
김치 3~4잎
소금 1작은술
식용유 적당량

**고기양념**
다진 마늘 1작은술
소금 약간
후춧가루 약간

**1** 깐 녹두는 3~4번 물에 씻고 3배 정도 되는 물에 담가 6시간 이상 불린다.

- 수입산은 국산보다 크기가 크고 단단하니 불리는 시간을 늘리고, 여름에는 냉장실에 넣어 불려요.

**2** 믹서에 불린 녹두, 녹두 불린 물 5큰술을 넣고 갈다가 빡빡하면 물을 1~2큰술씩 더해 최소한의 물로 최대한 곱게 간다.

- 핸드블렌더를 사용할 때는 중간중간 저어가며 갈고, 마지막에는 나선형으로 가장자리를 훑어가며 곱게 갈아요.

**3** 대파, 고추는 굵게 다지고, 김치는 속을 털어 잘게 썰고, 다진 돼지고기는 고기양념 재료를 넣어 밑간한다.

**4** 볼에 간 녹두, 다진 돼지고기, 김치, 대파, 고추, 소금을 넣어 뭉치는 부분 없이 잘 섞는다.

- 소금 대신 피시소스 1.2큰술을 넣어도 좋아요.

**5** 달군 팬에 식용유를 넉넉히 붓고 약간 센 불에서 빈대떡 반죽을 넣어 얇게 편다.

- 반죽을 작게 여러 개 부치면 바삭바삭한 부분이 많아져요. 너무 얇으면 안 되지만 가능한 얇게 부쳐야 맛있어요.

**6** 빈대떡 바닥이 바삭바삭해지면 이리저리 방향을 돌려가며 굽다가 뒤집어서 양면을 노릇노릇하게 굽는다.

- 중간중간에 식용유를 보충해가며 가장자리가 살짝 튀겨지듯이 구워요.

**7** 빈대떡이 다 익으면 뒤집개를 세워 피자처럼 6~8등분하듯 칼집을 내고, 한두 번 뒤집어가며 바삭하게 굽는다.

- 칼집 사이사이에 기름이 들어가서 빈대떡이 더 바삭바삭해지고 떼어 먹기도 편해요.

***tip*** 분량의 반죽으로 보통 크기의 빈대떡을 3~4장 구울 수 있고, 작게 10장 정도 부쳐도 바삭바삭해서 맛있어요.

# PART
# 3

보글보글 끓여서 뜨끈하게 먹는

# 국 & 찌개 & 찜

국물 요리를 어려워하는 분들을 위해 다양한 국물 요리와 찜을 준비했어요.
요즘에는 고급 요리가 된 미역국도 넣는 재료를 달리 해 다양한 맛을 냈고,
김치찌개, 된장찌개도 더 감칠맛을 내는 양념을 조합해 알려드립니다.
엄마가 차려준 것 같이 푸근한 음식이지만 먹을수록 깊은 맛이 나서
평소에 만들던 것보다 조금 더 맛있을 거예요.

# 애호박돼지찌개 2~3인분

돼지고기와 고춧가루를 볶으며 나온 고추기름에 애호박과 양파를 넣어 끓인 찌개예요.
칼칼하고 고소한 국물에 채소에서 단맛이 나와 얼큰하면서도 감칠맛이 좋아요.
요리의 맨 마지막에 넣어 무르지 않게 살짝 살캉살캉하게 익혀내는 애호박이 포인트예요.

*ingredients*

돼지고기(목살) 400g
애호박 1개
양파 1개
대파 1대
청양고추 3개
두부 1모(300g)
고운 고춧가루 1큰술
고춧가루 1큰술
멸치황태육수 600ml(16쪽)
다진 마늘 1큰술
새우젓국물 1큰술(혹은 액젓)
국간장 1큰술
맛술 1큰술

**1** 돼지고기는 한입 크기로 썰고, 호박은 0.5cm 두께로 도톰하게 채 썰고, 양파, 대파, 고추, 두부는 호박과 비슷한 두께로 썬다.

**2** 달군 냄비에 돼지고기를 넣고 약간 센 불에서 볶는다.

**3** 고기가 익어서 냄비 바닥에 기름이 적당히 생기면 고춧가루를 넣고 중약불에서 타지 않게 2분간 볶는다.

- 고기 부위에 따라 기름이 부족하면 식용유 0.5큰술을 넣어요.
- 고춧가루는 고운 입자와 보통 입자를 절반씩 사용했는데 둘 중에 하나만 넣으려면 고운 고춧가루가 좋아요.

**4** 육수를 붓고 끓어오르면 마늘, 새우젓국물, 국간장, 맛술을 넣고 고기가 잘 익도록 중불에서 15분간 끓인다.

- 처음부터 끝까지 중불을 유지하고 국물이 졸아들면 뚜껑을 덮어 약불로 줄여요.

**5** 돼지고기가 익고 국물이 자작해지면 간을 본다.

- 호박을 넣기 직전에 살짝 짭짤하게 간을 맞추면 먹기 좋은 간으로 완성돼요.
- 모자란 간은 국간장으로 맞춰요.

**6** 양파, 대파, 고추를 넣고 끓어오르면 두부, 호박을 넣어 국물을 끼얹고, 국자로 재료를 살짝 눌러 국물에 잠기도록 4~5분간 익힌다.

- 호박이 80% 정도 익었을 때 불을 끄면 여열로 익어 딱 먹기 좋은 상태가 돼요.

***tip***

- 돼지고기는 목살이나 기름이 적은 삼겹살을 사용하는 게 좋아요.
- 고기는 불의 세기나 돼지고기의 부위에 따라 익는 시간이 달라요. 채소를 넣기 전에 고기를 하나 먹어보고 단단하다 싶으면 5~10분 정도 더 끓여요. 육수가 졸아들면 육수를 100~200ml 정도 추가해 끓이면 적당해요.

# 얼큰소고기뭇국 6인분

언뜻 보기에는 육개장과 비슷해 보이지만
육개장보다 말갛고 시원하며 얼큰한 맛이 좋은 경상도식 뭇국이에요.
소고기는 양지를 사용하면 좋은데 앞다리나 목심 등 다른 부위로 대체할 수 있어요.
황태나 다시마 등을 넣은 육수를 쓰면 깊은 맛이 더 좋아져요.

*ingredients*

소고기(양지나 목심) 600g
무 1/2개
대파 2대
황태육수 1500ml(16쪽)
고춧가루 4큰술
다진 마늘 2큰술
국간장 4큰술
후춧가루 약간

**1** 무는 껍질을 벗겨 나박썰고, 대파는 길게 반 갈라 큼직하게 썬다.

**2** 달군 냄비에 소고기를 넣고 중불에서 겉면을 노릇하게 굽는다.

**3** 고기에 육수를 붓고 센 불에서 끓어오르면 중불로 줄이고, 뚜껑을 비스듬히 닫아 1시간 정도 푹 끓여 소고기는 따로 건져둔다.

- 한입 크기 고기는 30분, 덩어리 고기는 60~90분 정도 끓이고, 중간중간 뜨거운 물을 보충해요.

**4** 국물에 무를 넣고 중불에서 무가 익을 때까지 끓인다.

- 이때 고추기름 2큰술과 참기름 약간을 넣어 끓이면 풍미가 좋아져요.

**5** 건져둔 소고기는 약간 식혀서 얇게 썰고, 육수에 소고기, 고춧가루, 마늘, 국간장, 후춧가루를 넣어 중불에서 끓인다.

**6** 무가 숟가락으로 으깨질 만큼 익으면 대파를 넣어 10분간 끓인다.

***tip***

- 일반 고춧가루 대신 고운 고춧가루를 사용하면 국물 색이 진해지고 먹기에도 좋아요.
- 소고기뭇국은 끓이자마자 먹는 것보다 데워 먹을 때가 더 맛있어요. 넉넉한 양의 국을 진하고 간간하게 완성해 절반은 냉장고에 보관하고 나머지는 바로 먹을 수 있게 물을 넣어 간을 맞춰요.

# 돼지고기김치찌개

2~4인분

돼지고기와 김치가 푹 익은 그 맛, 모두들 좋아하시죠?
돼지고기는 목살이나 앞다릿살을 사용하는 경우가 많은데, 갈매기살이나 등심덧살을 넣으면
더 맛있어요. 김칫국물은 보통 반 컵 정도 사용하는데,
김칫국물이 부족하면 고춧가루나 피시소스의 양을 늘려 맛을 더해요.

*ingredients*

김치 1/4포기(500g/묵은지)
김칫국물 100ml
돼지고기 500g
두부 1모(300g)
대파(흰 부분) 1대
고운 고춧가루 1큰술
다진 마늘 1큰술
멸치황태육수 1000ml(16쪽)
피시소스 1큰술
후춧가루 약간
라면사리 1개(선택)

**1** 김치, 돼지고기, 두부는 먹기 좋게 썰고, 대파는 반 갈라 어슷하게 썬다.

**2** 달군 냄비에 돼지고기를 넣고 약간 센 불에서 4~5분간 볶다가 김치, 김칫국물, 고춧가루, 마늘을 넣고 3~4분간 볶는다.

**3** 육수를 붓고 끓어오르면 피시소스를 넣고 중약불로 줄여 30분간 푹 끓인다.

**4** 대파, 후춧가루를 넣고 4~5분간 끓인다.

- 김치가 너무 새콤하면 설탕을 1작은술 정도 넣고, 싱거우면 국간장이나 액젓, 피시소스를 0.5작은술 정도 추가해요.
- 국물이 너무 졸아들면 중간에 물을 조금씩 보충해요.

**5** 두부를 넣어 두부에 간이 배도록 5분간 끓인다.

- 김치찌개를 완성한 후 뚜껑을 닫아 식을 때까지 두면 두부에 간이 잘 배어들어요.

**6** 라면은 끓는 물에 1분간 삶아 건진 후 김치찌개에 넣고 조금 더 끓인다.

- 김치찌개에 국물이 넉넉하거나 간이 싱겁다면 라면을 바로 넣어 끓여가며 먹어도 돼요.

# 찌개맛된장

2인 된장찌개 10회분

찌개맛된장은 찌개나 국, 전골 등 국물 요리뿐만 아니라
된장으로 양념하는 나물, 무침에도 사용해요.
곱창전골, 된장라면, 청국장 등에 써도 맛있지요.
된장 한 가지만 썼을 때보다 맹맹한 맛이 덜하고 감칠맛이 나요.
넉넉히 만들어서 다양한 요리에 사용하세요.

*ingredients*

시판된장 200g
(태화 범일콩된장)
집된장 200g
(혹은 샘표백일된장)
피시소스 36ml
조개맛조미료 36g
(백설 조개다시다)
청양고추 75g(12개)
대파(흰 부분) 100g
마늘 100g

**1** 고추는 얇게 송송 썰고, 대파는 잘게 썰고, 마늘은 다진다.

- 씨가 하얀 신선한 고추를 골라 씨까지 함께 사용해요.

**2** 썰어놓은 채소와 모든 재료를 골고루 섞어 750g의 찌개맛된장을 완성한다.

**3** 용기에 담아 냉장실에 보관하고 물이나 육수 400ml당 찌개에는 된장 75g, 국이나 전골에는 된장 60g을 기준으로 사용한다.

- 바로 먹어도 좋고, 냉장실에서 1주일 이상 숙성하면 더 맛있어요. 냉장실에서 1달, 냉동실에서 6달까지 보관할 수 있어요.

***tip***
◦ 된장찌개나 된장국은 만들어서 바로 먹는 것보다 미리 끓여두고 식을 때까지 두었다가 두부나 채소에 간이 배면 다시 한 번 끓여 먹는 게 맛있어요.
◦ 된장 요리의 주재료가 고기일 때는 후춧가루를 넣고 해산물일 때는 넣지 않아요.

# 차돌박이된장찌개 2인분

찌개맛된장을 넣으면 집에서도 정말 맛있는 된장찌개를 먹을 수 있는데요,
여기에 차돌박이까지 더해서 좀 더 풍부한 맛의 된장찌개를 만들었어요.
꼭 차돌박이가 아니더라도 다양한 조개나 해산물,
채소 등을 넣어 입맛에 맞는 된장찌개를 만들어봐요.

*ingredients*

차돌박이 100g
애호박 1/3개(100g)
양파 1/3개(100g)
두부 200g
대파 1/3대(선택)
물 400ml
찌개맛된장 75g(124쪽)
고춧가루 1작은술

**1** 호박, 양파, 두부는 비슷한 크기로 나박썰고, 대파는 송송 썬다.

**2** 냄비에 물, 찌개맛된장을 넣고 센 불로 끓어오르면 호박, 양파, 두부를 넣는다.

**3** 끓어오르면 중불로 줄여 3~4분간 익히고, 차돌박이, 대파, 고춧가루를 넣고 끓여 차돌박이가 익으면 불을 끈다.

- 차돌박이 대신 조갯살을 넣으면 국물이 시원해요.

***tip***

- 바지락살, 홍합살, 조갯살, 관자를 사용할 때는 차돌박이처럼 마지막 순서에 넣고, 꽃게, 미더덕, 다진 소고기를 사용할 때는 물, 된장과 함께 넣어 끓이다가 채소를 넣어요.
- 알배추나 무, 감자를 넣을 때는 50g 정도만 사용해 물, 된장과 함께 끓여요.
- 조갯살된장찌개에는 냉동미더덕을 몇 개 넣으면 더 맛있어요.

# 얼갈이된장국

4~5인분

얼갈이배추와 찌개맛된장만 있으면 푹 끓여서 완성할 수 있는 된장국이에요.
시간 날 때 얼갈이를 잔뜩 데쳐서 냉동해두면 간편하게 만들 수 있어요.
우거지나 시래기 등을 불리고 삶아서 같은 방법으로 끓이면 경상도식 시락국(우거지된장국)이 돼요.

*ingredients*

얼갈이배추 5포기
(데치고 짠 분량 200g)
소금 약간
찌개맛된장 150g(124쪽)
멸치황태육수 1500ml
(16쪽/혹은 쌀뜨물, 사골육수)

1 얼갈이는 뿌리를 제거해 씻고, 끓는 물에 소금을 넣어 얼갈이 줄기부터 넣고 10초간 데쳐 식힌 후 물기를 꼭 짜 먹기 좋게 썬다.

2 냄비에 데친 얼갈이, 찌개맛된장을 넣고 골고루 무친다.

3 육수를 붓고 센 불에서 끓어오르면 뚜껑을 비스듬히 닫아 30분간 중약불에서 푹 끓인다.

- 이때 두부를 넣고 끓여도 좋아요. 국물 양이 부족하면 뜨거운 물을 조금씩 추가해요.

4 얼갈이가 무르게 푹 익으면 간을 보고, 짜면 물을 더하고 싱거우면 찌개맛된장을 더해 한소끔 끓인다.

- 끓여서 바로 먹는 것보다 뚜껑을 덮어 식힌 후 데워 먹는 게 더 맛있어요.

***tip*** 얼갈이국이나 우거지국은 채소의 상태와 불의 세기, 뚜껑 개폐 여부에 따라 물 조절과 끓이는 시간이 달라져요. 시간보다 채소의 상태를 봐가며 끓이고 싱거우면 찌개맛된장을 더해요.

# 소고기얼갈이된장국

4~5인분

소고기와 우거지가 푹 익어서 부드럽고 구수한 맛이 좋아
식탁에 자주 올리는 국이에요.
찌개맛된장의 감칠맛이 스며들어 마치 오래 끓인 것처럼 진한 국물 맛이 매력적이에요.
물 대신 사골육수나 황태육수를 넣으면 맛이 더 깊어져요.

*ingredients*

소고기(국거리) 400g
얼갈이배추 5포기
(데친 후 150~200g)
소금 약간
물 1500ml
(혹은 사골육수, 황태육수/16쪽)
찌개맛된장 130g(124쪽)

**1** 얼갈이는 뿌리를 제거해 씻고, 끓는 물에 소금을 넣어 얼갈이 줄기부터 넣고 10초간 데쳐 식힌 후 물기를 꼭 짜 먹기 좋게 썬다.

**2** 냄비에 소고기를 넣고 볶다가 끓는 물을 붓고 중불에서 10분간 끓이면서 거품을 걷어낸다.

- 덩어리 고기는 삶는 시간을 늘려서 익힌 후 얄팍하게 썰어서 국물에 다시 넣어요.

**3** 데친 얼갈이, 찌개맛된장을 넣고 잘 푼다.

**4** 끓어오르면 중약불에서 40분간 끓여 고기와 얼갈이를 푹 익히고, 뚜껑을 닫아 여열로 더 익힌다.

- 푸른색 얼갈이가 탁한 색이 되도록 시간보다 상태를 봐가며 익혀요.
- 너무 졸아들면 중간중간 뜨거운 물을 추가하고, 마지막에 싱거우면 찌개맛된장을 조금 더 넣거나 졸여서 간을 맞춰요.

***tip*** 끓여서 바로 먹기보다는 식힌 다음 데워 먹어야 얼갈이도 부드러워지고 고기에 간도 잘 배어 더 맛있어요.

# 비지찌개 3~4인분

비지찌개는 콩물을 짜낸 비지보다 콩을 갈아서 만든 비지를 넣고 끓이는 게 더 맛있어서
저는 전날 콩을 불리고 껍질을 깐 다음 곱게 갈아서 사용해요.
콩을 갈아낸 비지찌개를 만들 때는 김치의 산미가 간수처럼 작용해
콩물을 몽글몽글하게 해주니 김치를 꼭 넣어주세요.

*ingredients*

백태 150g
물 200ml
묵은지 400g
(속을 털어낸 무게)
대파(흰 부분) 1대
다진 돼지고기 300g
다진 마늘 1큰술
국간장 1큰술
(혹은 피시소스)
멸치육수 300ml(16쪽)
사골육수 300ml
후춧가루 약간

**1** 콩은 상한 알곡을 걸러 헹구고, 넉넉한 물에 8시간 이상 불려 콩 껍질을 벗긴다.

- 콩 껍질을 벗기면 식감이 더 부드러워요. 불려서 껍질 깐 콩은 냉동 보관해서 필요할 때마다 사용해요.

**2** 믹서에 콩, 물을 넣어 곱게 갈고, 상태를 확인하고 1분간 더 간다.

**3** 대파는 송송 썰고, 김치는 속을 털어 잘게 썬다.

**4** 냄비에 다진 고기, 김치, 마늘, 국간장, 멸치육수, 사골육수, 후춧가루를 넣고 센 불로 끓으면 중불에서 15분간 끓인다.

- 간을 보고 약간 짭짤하면 적당해요. 싱거우면 국간장, 액젓을 추가해요.
- 취향에 따라 고춧가루 1큰술을 넣어도 좋아요.

**5** 김치가 투명하게 익으면 대파, 갈아둔 콩을 넣고 중약불로 10분간 끓이며 바닥에 눌어붙지 않게 두세 번 젓는다.

**6** 콩물이 몽글몽글하게 익으면 불을 끈다.

- 불을 끄고 간을 봐서 부족하면 소금으로 간하고, 찌개 농도를 보고 기호에 따라 물 100ml를 추가해 한소끔 끓여요.
- 그릇에 담아 들기름이나 참기름을 약간 넣어 먹어도 좋아요.

***tip***

- 콩은 미리 갈아두지 말고 갈아서 바로 사용해요. 두부나 순두부를 으깨어 추가해도 좋아요.
- 돼지등뼈를 우린 뼈 국물을 사용하면 맛있는데, 번거로우면 시판 사골육수로 편하게 만들어요.
- 비지찌개는 끓을 때 콩물이 튀어 깊은 냄비를 쓰는 게 좋아요. 얕은 냄비를 사용할땐 뚜껑을 비스듬히 덮거나 구멍이 송송 뚫린 튀김용 뚜껑을 덮어서 익혀야 콩 냄새도 휘발되고 콩이 튀는 것을 막아줘요.

# 오이미역냉국 2~3인분

오이미역냉국은 더운 여름에 간단히 먹기 좋고 만들기도 편해 자주 해 먹어요.
새콤달콤하고 짭조름한 맛의 삼박자에 시원한 청량감까지 더해져 상큼하게 먹기 좋아요.
마늘은 냉동보다 통마늘을 다져 사용하고,
홍고추는 가끔 사용하니 평소에 구입해서 냉동해두면 편해요.

*ingredients*

건미역(자른 미역) 3g
오이 1개(미니오이 3~4개)
마늘 2개
홍고추 1/2개

**냉국국물**
생수 250ml
설탕 2큰술
사과식초 3큰술
피시소스 1.3큰술
얼음 적당량

**1** 미역은 물에 담가 10분 정도 불려서 헹구고 물기를 꼭 짠다.

**2** 냉국국물 재료 중 얼음을 제외한 나머지 재료를 섞어 설탕이 완전히 녹을 때까지 젓는다.

- 계량이 표시된 냄비나 볼을 사용하면 마지막에 얼음을 넣고 계량을 맞추기 편해요.

**3** 오이는 돌려깎아 씨를 제거해 채 썰고, 마늘은 다지고, 고추는 송송 썬다.

**4** 냉국국물에 얼음을 채워 부피를 500ml에 맞추고, 오이, 미역, 마늘, 고추와 잘 섞는다.

- 얼음을 넣기 전, 국물에 설탕이 완전히 녹았는지 한 번 더 확인해요.
- 얼음이 거의 다 녹으면 간이 딱 맞는데, 최종 국물 양을 550ml까지 조절할 수 있어요.

***tip***

- 시판 자른 미역을 써야 물에 금방 불어서 부드럽게 먹을 수 있어요. 시판 미역국라면의 건더기수프에서 미역만 건져 10분간 불려 쓰면 편해요.
- 홍고추 대신 생베트남고추를 사용하면 깔끔하게 매워 입맛을 돋워요. 생고추는 씻어서 물기 없이 냉동하면 그때그때 꺼내 쓰기 편리해요. 고추를 골라내고 먹으려면 크게 썰어 넣어요.

# 꽁치김치찜

2~3인분

꽁치통조림의 육수 덕분에 물만 넣어도 맛있게 완성되는 요리예요.

물론 물보다 멸치육수를 넣으면 풍미가 더 좋아지지만요.

물을 많이 잡아 끓이는 찌개가 아니라 김치를 포기째로 뭉근히 찌듯이 익히는 요리라

부들부들한 김치에 촉촉한 꽁치를 싸 먹는 맛이 정말 좋아요.

*ingredients*

꽁치통조림 1캔(400g)
대파(흰 부분) 1/2대
김치 1/6포기(400g/묵은지)
김칫국물 100ml
다진 마늘 1큰술
물 300ml
고춧가루 1큰술
후춧가루 약간
고추기름 1큰술(선택)

**1** 꽁치통조림은 국물째 그릇에 담고, 꽁치를 반으로 갈라 가운데 뼈와 껍질, 눈에 보이는 내장을 제거한다.

- 꽁치통조림은 손질하지 않아도 되지만, 뼈를 제거하고 조리하면 먹기 편해요.

**2** 손질한 꽁치는 꽁치국물에 살짝 담가 헹군 후 따로 덜어둔다.

**3** 덜어둔 꽁치 위에 체를 올리고 꽁치국물을 부어 거른 꽁치국물에 꽁치를 담가둔다.

**4** 대파는 반 갈라 어슷하게 썬다.

**5** 냄비에 김치, 김칫국물, 마늘, 물을 넣고 뚜껑을 닫아 약불에서 20~30분간 끓여 김치를 찌듯이 익힌다.

- 물이 부족하거나 바닥에 눌어붙지 않는지 한두 번 정도 확인해요.

**6** 김치가 무르게 익으면 꽁치, 꽁치국물, 대파, 고춧가루, 후춧가루를 넣고 약불에서 5~10분간 끓이다가 고추기름을 넣고 불을 끈다.

- 싱거우면 국간장을 약간 넣고, 김치가 많이 새콤하면 설탕을 약간 넣어요.

# 미역국 6~9인분

미역, 참기름, 마늘, 국간장, 물만 사용해서 만든 기본 미역국입니다.
단순하게 끓였지만 좋은 미역을 넣어 오래 끓이면 자꾸 생각날 만큼 깊은 맛이 나요.
여기에 조갯살, 가자미, 대구, 도다리, 소고기, 차돌박이 등을 넣거나
밥을 넣고 끓여 미역죽으로도 즐겨요.

*ingredients*

건미역 40g
참기름 2큰술
다진 마늘 2큰술
물 2000ml
국간장 4큰술
소금 약간

**1** 미역은 넉넉한 물에 담가 1시간 정도 불리고, 주물러가며 2~3번 헹군 후 물기를 꼭 짜 먹기 좋게 자른다.

**2** 냄비에 참기름을 두르고 약간 센 불에서 미역을 넣어 타닥타닥 소리가 나도록 5분간 볶는다.

**3** 마늘을 넣고 수분이 사라질 때까지 5분간 더 볶는다.

**4** 물을 붓고 센 불에서 끓어오르면 약불로 줄이고, 국간장을 넣어 1시간 정도 푹 끓인다.

- 국물 양이 부족하면 중간중간 물을 추가하고, 미역이 얇으면 끓이는 시간을 줄이고 두꺼우면 더 오래 끓여요.

**5** 미역이 보드랍게 익으면 소금으로 간해 불을 끈다.

- 미역이 국자 뒷면에 슬쩍 달라붙을 만큼 부들부들해지면 적당해요.
- 소분할 때는 부피를 덜 차지하게 국물을 졸이고, 먹을 때 물을 넣고 끓여 국간장으로 간해요. 소분해서 5일까지는 냉장, 그 이후에 먹을 것은 냉동 보관해요.

***tip***

- 물에 황태육수, 사골육수를 섞거나 조개맛조미료 1~2꼬집을 넣어도 좋아요.
- 미역국은 자른 건미역 40g(줄기 있는 미역 50g)당 참기름 2큰술, 다진 마늘 40g, 물은 200ml 전후 분량, 국간장 4큰술을 기준으로 만들어요. 소고기를 넣을 때는 400g을 사용하고, 액젓을 사용할 때는 국간장 3큰술에 액젓 2작은술로 감칠맛을 살려요.
- 미역국에 생선이나 해산물을 넣을 땐 서더리를 끓인 육수나 조개를 삶은 육수를 사용해요. 생선살이나 조갯살은 마지막에 넣어야 질기지 않아요.

# 참치미역국 & 참치미역죽

각 2인분

잔뜩 만들어놓은 미역국에 참치 한 캔만 보태면 색다른 맛을 즐길 수 있어요.
가장 편한 조합이지만 또 가장 맛있기도 한 조합이라서 모든 분께 추천해요.
미역과 참치, 밥알까지 보들보들하게 익었을 때 국간장으로 간해 깊은 맛을 끌어올려요.

*ingredients*

**참치미역국**(2인분)
미역국 2인분(600g/138쪽)
참치통조림 1캔(250g)
국간장 약간

**참치미역죽**(2인분)
참치미역국 2인분
참치통조림 1캔(250g)
밥 2공기
물 500ml
국간장 1큰술

### 참치미역국

**1** 냄비에 미역국 2인분을 붓고 참치통조림을 국물째 넣는다.

**2** 센 불에서 끓어오르면 국간장으로 간한다.

- 짜면 물을 약간 넣어서 끓여요.

### 참치미역죽

**1** 위에서 만든 참치미역국에 밥, 물, 국간장을 넣고 잘 섞어 중불에서 끓인다.

**2** 끓어오르면 약불로 줄이고, 바닥이 눌어붙지 않도록 저어가며 밥이 푹 퍼질 때까지 10분 이상 끓인다.

**3** 밥이 덜 퍼졌으면 물을 추가하고 싱거우면 국간장을 더한 후 밥이 완전히 퍼지면 불을 끈다.

- 원하는 상태보다 촉촉할 때 불을 끄고 10분간 뚜껑을 덮어 뜸을 들여야 적당해요.

# 소고기미역국 6인분

흐물흐물한 미역과 부드럽게 푹 익은 고기가 깊은 맛을 내는 소고기미역국이에요.
잘게 썬 국거리를 써도 좋지만, 양지나 아롱사태를 덩어리째 구워서 끓인 후
고기를 수육처럼 썰어서 함께 끓이면 보기에도 좋고 맛은 더 좋아요.
국거리 고기는 볶아서 사용해요.

*ingredients*

건미역 40g
소고기(양지나 사태) 500g
참기름 1.5큰술
다진 마늘 2큰술
물 2000ml
(혹은 황태육수/16쪽)
국간장 4큰술

**1** 미역은 넉넉한 물에 담가 1시간 정도 불리고, 주물러가며 2~3번 헹군 후 물기를 꾹 짜 먹기 좋게 자른다.

**2** 냄비에 양지 덩어리를 앞뒤로 노릇노릇하게 구워 덜어둔다.

**3** 같은 냄비에 참기름을 두르고 중불에서 미역을 넣어 타닥타닥 소리가 나도록 5분간 볶는다.

**4** 마늘을 넣고 수분이 사라질 때까지 5분간 더 볶는다.

**4** 구운 양지를 넣고 미역과 함께 볶다가 물을 부어 센 불에서 끓인다.

**5** 끓어오르면 거품을 걷어내고 중약불로 줄여 국간장으로 간한다.

**6** 1시간 정도 끓이다가 고기를 건져 얇게 썰고 다시 미역국에 넣는다.

**7** 10~30분 정도 끓이다가 미역이 부드럽게 잘 익으면 불을 끈다.

- 고기나 미역의 상태에 따라 약불로 총 1시간 30분 정도 푹 끓여요.
- 중간에 국물이 부족하면 물을 추가해 끓이고, 모자란 간은 국간장이나 소금으로 해요.

# 돼지고기고추장찌개 2~4인분

돼지고기고추장찌개는 찌개 중에서도 국물이 살짝 걸쭉할 정도로 진해서
그냥 떠먹어도 맛있고 밥에 비벼 먹어도 잘 어울려요.
양념한 국물에 두부, 채소 등의 재료를 하나하나 추가해 끓이기만 하면 되니 만들기도 편해요.

*ingredients*

돼지고기(찌개용) 500g
감자 3개
양파 1개
대파 1대
두부 1모(300g)
청양고추 2~3개
황태육수 600ml(16쪽)

**양념**

고운 고춧가루 3큰술
다진 마늘 3큰술
간장 2큰술
피시소스 0.5큰술(혹은 액젓)
물엿 1큰술
고추장 1.5큰술
후춧가루 약간

**1** 감자는 껍질을 벗겨 2등분해 너무 두껍지 않게 썰고, 양파, 대파, 두부는 감자와 비슷한 크기로 썰고, 고추는 도톰하게 송송 썬다.

**2** 달군 냄비에 돼지고기를 넣고 약간 센 불에서 노릇노릇하게 볶는다.

**3** 볶은 고기에 육수, 양념 재료를 넣고 센 불에서 끓인다.

- 3~5번 과정이 30분 정도 걸리도록 재료를 차례차례 넣어가며 끓여요.

**4** 끓어오르면 감자, 양파를 넣어 끓인다.

**5** 감자가 70% 정도 익으면 대파, 고추, 두부를 넣고 국물을 끼얹어가며 감자가 다 익을 때까지 끓인다.

- 애호박이나 팽이버섯을 넣을 때는 대파 순서에 함께 넣어요.
- 싱거우면 국간장으로 간하고, 마지막에 고추기름 1큰술을 뿌려 향을 더하면 좋아요.

***tip*** 돼지고기는 구이용이나 찌개용 부위 모두 잘 어울려요. 특히 돼지고기 갈매기살이나 등심덧살을 사용하면 육향이 적당히 있으면서도 쫄깃쫄깃해서 더 맛있어요.

# 청국장찌개

2~3인분

밥에 비벼 먹어도 맛있지만 그냥 먹어도 짜지 않은 몽글몽글한 청국장을 끓였어요.

청국장찌개는 청국장 자체의 맛에 크게 좌우되니 좋아하는 맛의 청국장을 고르는 게 중요해요.

집에서 만든 청국장이 마음에 들지 않는다면

구입처를 바꿔가며 입맛에 맞는 청국장을 찾아보세요.

*ingredients*

청국장 1개(200g)
알배춧잎 2~3장
무 1/10개(약 2~3cm)
양파 1/2개
대파 1대
청양고추 3개
순두부 1봉(300g/혹은 두부)
고춧가루 1큰술
다진 마늘 1큰술
된장 1큰술
멸치황태육수 500ml
(16쪽/혹은 물)

**1** 청국장은 취향에 따라 미리 으깬다.
- 청국장을 으깨 넣으면 국물에 곱게 풀려 걸쭉해지는 반면, 간은 더 싱거워져요. 으깨지 않고 사용할 때는 육수 양을 조금 줄여요.

**2** 배추, 무, 양파는 나박썰고, 대파, 고추는 송송 썬다.
- 무는 배추와 비슷한 두께로 얇게 썰어요.

**3** 냄비에 배추, 무, 양파, 고춧가루, 마늘, 된장을 넣어 채소의 숨이 죽을 때까지 골고루 무친다.
- 미리 무치면 채소에 간이 잘 배어들어요.

**4** 육수를 부어 센 불로 끓이고, 끓어오르면 중불로 줄여 무가 투명해질 때까지 10분간 끓인다.

**5** 대파, 고추, 순두부를 넣고 끓인다.

**6** 끓어오르면 청국장을 넣어 불을 끈 후 청국장 덩어리를 잘 풀고, 다시 중불로 켜 2~3분간 자작하게 끓인다.
- 싱거우면 국간장으로 간해요.

***tip***
- 순두부를 덜 깨지게 만들려면 순두부보다 청국장을 먼저 넣어요.
- 무가 없으면 배추를 듬뿍 넣어 심심하게 끓여도 좋고, 씻은 김치나 푹 삶은 우거지를 넣어도 잘 어울려요. 애호박, 얼갈이, 버섯 등 채소를 추가해도 좋은데, 채소가 늘어나면 된장을 추가해서 간을 맞춰요.

# 고등어조림 2~3인분

달지 않고 칼칼하고 개운한 고등어조림은 같은 양념을 사용해
삼치, 병어, 갈치 등의 생선조림으로 응용할 수 있어요.
가자미나 갈치조림은 생선이 빨리 익으니 육수 양과 조리 시간을 줄여요.
생선으로 조림이나 탕을 할 때는 생선 2.5cm당 10분 조리가 공식입니다.

*ingredients*

고등어 2마리(약간 큰 것)
무 1/2개(700g)
양파 1개
대파(흰 부분) 1대
청양고추 2~3개
생강 1조각(2cm)
(혹은 생강술, 생강즙 1큰술)
청주 2큰술
멸치황태육수 400ml
(16쪽/혹은 물)

**양념**

고춧가루 3큰술
다진 마늘 1.5큰술
간장 2큰술
피시소스 2큰술
(혹은 까나리액젓)
후춧가루 약간

**1** 무는 껍질을 벗겨 십자 모양으로 4등분해 0.5cm 두께로 썰고, 양파는 굵게 채 썰고, 대파는 반 갈라 고추와 함께 어슷하게 썰고, 생강은 껍질을 벗긴다.

**2** 고등어는 먹기 좋게 토막 내고, 껍질이 없는 쪽이나 자른 단면에 청주를 뿌린 후 5~10분간 두었다가 키친타월로 닦는다.
- 고등어는 뼈 사이사이의 핏물을 깨끗이 씻고 지느러미, 내장을 감싸는 뼈를 제거해요.

**3** 냄비에 무, 육수, 생강, 양념 재료를 모두 넣고 센 불에서 끓어오르면 중불로 줄여 무가 80% 정도 익을 때까지 15분간 끓인다.
- 무에서 수분이 나오지만 너무 졸아들면 물을 최대 100ml 정도 추가해요

**4** 고등어를 넣고 국물을 끼얹어가며 촉촉하게 만든 후 양파를 펼치듯 얹는다.

**5** 약간 센 불에서 국물을 끼얹어가며 10분간 자작하게 졸이고, 바닥에 눌어붙지 않게 숟가락으로 재료를 한 번씩 들어 올린다.
- 약간 센 불로 끓여야 비린내가 날아가고 생선의 지방이 국물과 잘 섞여 고소해져요.

**6** 대파, 고추를 넣고 국물이 자작해질 때까지 국물을 끼얹어가며 3~4분 정도 더 조린다.
- 생강은 먹기 전에 건져요.

***tip***
- 무와 양파의 단맛으로 충분하면 설탕을 넣지 않고, 필요하면 설탕을 최대 0.3작은술 정도만 넣어요.
- 청주는 비린 향을 휘발하고, 맛술은 단맛과 감칠맛을 살짝 추가하는 용도예요. 신선한 고등어라면 양념에 청주나 맛술을 넣지 않아도 괜찮아요.

# 김치조림 4인분

포기째 푹 끓이는 김치찜과 달리 김치를 자르고 육수를 적게 넣어 익힌 김치조림이에요.
여기에 식용유 1큰술을 넣고 볶으면 김치볶음이 됩니다.
물을 넉넉하게 붓고 데친 콩나물을 넣어 김칫국으로 즐기고,
라면에 넣어 먹거나 국수 고명으로 얹어 다양하게 활용해요.

*ingredients*

김치 1/4포기(500g)
대파 1/2대
고춧가루 1큰술
다진 마늘 1큰술
김칫국물 4~6큰술
멸치황태육수 300~400ml
(16쪽/혹은 물)

**1** 김치는 먹기 좋게 썰고, 대파는 얇게 송송 썬다.

**2** 냄비에 김치, 대파, 고춧가루, 마늘, 김칫국물, 육수를 넣어 뚜껑을 비스듬히 닫고 중약불에서 저어가며 30분간 끓인다.

- 김치가 새콤하면 설탕을 약간 넣고, 싱거우면 국간장이나 액젓, 피시소스 0.5큰술을 넣어 간해요.
- 국물이 졸아들면 중간에 육수나 물을 보충해가며 끓여요.

**3** 뚜껑을 열고 수분을 날리며 물기 없이 바싹 볶는다.

- 용도에 따라 식용유 1큰술을 넣고 볶아도 좋아요.

***tip*** 김치조림으로 만드는 다양한 레시피

- 김치참치볶음: 김치조림에 참치통조림 1캔을 국물째 넣고 중불에서 짜글짜글하게 볶아요.
- 참치김치찌개: 위의 김치참치볶음에 물을 붓고 두부, 대파를 넣어 짜글짜글하게 끓여요.
- 대패삼겹김치찌개: 대패삼겹살을 볶다가 김치조림, 물을 넣고 끓여요.
- 두부김치수육: 돼지고기수육을 만들고 두부를 반으로 잘라서 데친 후 김치조림을 곁들여요.

# 굴국 2~3인분

살짝 칼칼하면서도 시원한 맛의 굴국은 굴과 미역, 두부까지
보들보들한 식감을 가진 세 가지 건더기를 호로록 건져 먹는 재미가 있어요.
1인용 뚝배기 세 개에 각각 끓이는 것이 가장 좋지만,
2~3인용 뚝배기에 한꺼번에 끓이면 푸짐해 보여서 먹음직스러워요.

*ingredients*

굴 350g
건미역 10g(불려서 100g)
두부 1모(300g)
부추 1줌
대파(흰 부분) 1/2대
청양고추 1개
달걀 2개
황태육수 1000ml(16쪽)
국간장 1큰술

**1** 미역은 넉넉한 물에 담가 1시간 정도 불린 후 주물러가며 2~3번 헹구고, 물기를 꾹 짜 먹기 좋게 자른다.

**2** 굴은 흐르는 물에 헹궈 체에 밭쳐 수분을 제거하고, 두부, 부추, 대파, 고추는 먹기 좋게 썬다.

**3** 냄비에 불린 미역, 육수를 넣고 센 불에서 끓어오르면 국간장을 넣고 뚜껑을 비스듬히 닫아 25분간 약불로 끓인다.

• 굴에서 나오는 육수는 진하지 않으니 황태육수를 사용하는 것이 좋아요.

**4** 미역이 부드러워지면 다시 센 불로 올려 두부를 넣고 5분간 끓인다.

**5** 굴을 넣고 센 불에서 3분간 끓여 굴을 익히고, 부추, 대파, 고추를 넣어 끓으면 냄비 중앙에 달걀을 깨 넣고 불을 끈다.

• 모자란 간은 국간장이나 소금으로 해요.

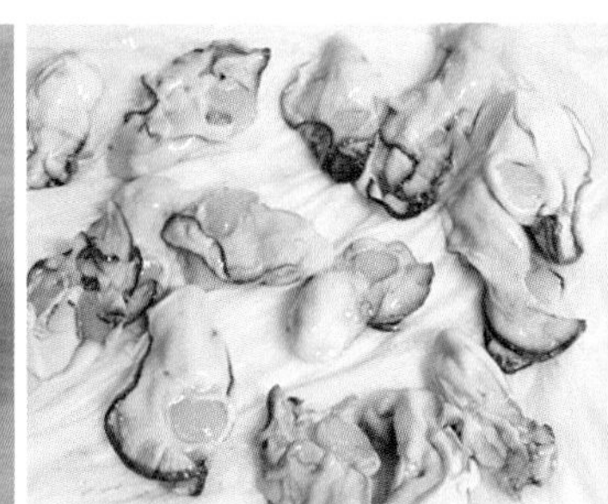

# PART 4

외식 대신 집에서 만들어 먹는 우리 집 자랑

# 일품 요리

특별한 요리가 먹고 싶은 날, 보양식이 필요한 날,

외식 메뉴를 집에서 즐기고 싶은 날에는 홈쿠진표 일품 요리를 만들어보세요.

매번 나가서 사 먹던 메뉴를 약간의 수고를 더해 더 푸짐하게,

더 맛있고 건강하게 집에서 먹을 수 있어요.

많은 분들이 좋아해주시는 다양한 메뉴를 골라 소개합니다.

# 백제육볶음 3~4인분

고기와 향신 채소를 소금으로 간하고 불맛을 살려 담백하게 볶았어요.
양념이 약하고 고기 맛이 주를 이루니
기름이 약간 있는 2~3mm 두께의 고기를 사용하는 게 좋아요.
항정살, 가브리살, 대패목살, 대패삼겹살이 적당하고
불고기용 고기로는 뒷다릿살보다는 기름이 적당히 있는 앞다릿살을 선택해요.

*ingredients*

돼지고기(불고기용) 500g
양파 1개
마늘 1줌
청양고추 5개
대파 1/2대

**양념**

맛소금 약간
가는 소금 약간
후춧가루 약간
참기름 0.5작은술
통깨 약간

**1** 양파는 약간 큼직하게 썰고, 마늘은 도톰하게 편으로 썰고 고추, 대파는 어슷하게 썬다.

- 양념이 따로 없는 만큼 채소의 맛이 전체적인 향을 좌우하니 양파, 마늘, 청양고추는 꼭 넣어요.

**2** 달군 팬에 돼지고기를 올리고 약간 센 불에서 한 장씩 펼쳐 구워 맛소금, 가는 소금으로 간하고, 후춧가루를 뿌린다.

**3** 구운 고기에 토치로 불맛을 입히고, 접시에 키친타월을 깔고 고기를 덜어둔다.

**4** 팬에 남은 돼지기름에 양파, 대파, 고추, 마늘을 넣고 센 불에서 노릇노릇하게 3분간 볶는다.

- 채소의 숨이 죽지 않게 앞뒤로 굽듯이 익혀요.

**5** 구운 고기를 넣고 센 불에서 2~3분간 볶아 불을 끄고 참기름, 통깨를 뿌린다.

- 처음부터 끝까지 센 불로 조리해요.
- 아스파라거스나 버섯을 따로 구워 곁들이거나 송송 썬 쪽파를 올려도 좋아요.

***tip***

◦ 소금이나 맛소금 중 하나로만 간하기보다는 소금과 맛소금을 반씩 사용하면 밋밋하거나 과하지 않게 감칠맛이 느껴져요. 소금으로 먼저 간을 하고 조금 부족한 부분을 맛소금으로 채우면 적당해요.

◦ 곁들이는 반찬으로는 고기를 구워 먹을 때와 똑같이 쌈채소와 쌈장, 마늘기름장, 파절임이나 양파절임을 준비해요.

# LA갈비구이 4인분

맛은 갈비와 비슷한데 훨씬 짧은 시간 안에 만들 수 있는 게 LA갈비구이예요.
사실 과일과 채소를 갈아 넣은 일반 돼지갈비 양념을 써야 하지만,
번거로운 과정을 생략해 더 간단한 레시피로 만들었어요.
불 조절을 잘해서 소스를 적당히 졸이면 맛있게 완성돼요.

*ingredients*

LA갈비 1.4kg
(혹은 갈비살 1kg)
대파(흰 부분) 1대
식용유 약간

**양념**

설탕 3.5큰술
다진 마늘 2큰술
간장 2큰술
피시소스 2큰술
참기름 약간
후춧가루 약간

**1** LA갈비는 씻어서 키친타월 위에 올리고 다시 키친타월을 덮어 뚜껑을 덮은 후 30분~3시간 정도 핏물을 뺀다.

**2** 키친타월로 고기 겉면을 닦고 뼈 부분의 근막, 기름을 제거한다.

**3** 대파는 곱게 다진다.

**4** LA갈비에 대파, 양념 재료를 넣고 냉장실에서 30분 정도 숙성한다.

- 최대 12~24시간까지는 괜찮지만 그 이상 숙성하면 좋지 않아요.
- 냉동 후 해동한 다진 마늘을 사용하면 입자가 고와요.

**5** 달군 팬에 식용유를 얇게 두르고 양념한 LA갈비를 약불에서 천천히 노릇노릇하게 굽는다.

- 완성 후 잣가루를 조금 뿌리면 고급스러워요.

***tip***

- 굽는 내내 타지 않게 불을 조절해요.
- 고기를 한 판 굽고 다시 고기를 올려 구울 때 팬 바닥이 타지 않았다면 그대로 굽고, 탔다면 양념을 닦아내고 구워야 고기 간이 일정해요.
- 피시소스가 없다면 간장만 총 70g을 넣어 양념해요.

# 바비큐양념치킨 2~3인분

지코바치킨이 생각나는 불맛 입힌 바비큐양념치킨이에요.
구운 닭고기를 매콤달콤하고 쩐득한 소스에 졸이고
토치로 한 번 더 직화해서 마치 숯불에 구운 맛이 나요.
남은 양념도 진하고 맛있으니 밥이나 라면사리를 꼭 넣어서 남김없이 먹어요.

*ingredients*

닭다리살 1kg
떡볶이떡 200g
청양고추 4~6개

**소스**

설탕 1큰술
감자전분 1큰술
고운 고춧가루 2큰술
다진 마늘 2.5큰술
다진 생강 0.5작은술
(혹은 생강즙)
물 2큰술
간장 2큰술
고추기름 2큰술
칠리소스 2큰술
굴소스 1큰술
물엿 3큰술
조청 4.5큰술
식초 1작은술
후춧가루 약간

**1** 냄비에 소스 재료를 모두 넣고 고춧가루, 조청이 잘 풀리도록 섞어 중불에서 끓이고, 끓어오르면 2분 정도 졸인다.

- 소스는 미리 만들어두고 실온에서 1시간 정도 숙성하면 좋아요.

**2** 닭은 깨끗이 씻어서 물기를 닦고, 고추는 어슷하게 썰고, 떡은 끓는 물에 넣어 말랑말랑하게 데친다.

**3** 달군 팬에 닭 껍질이 팬에 닿게 올리고, 중불에서 앞뒤로 노릇노릇하게 굽다가 한입 크기로 잘라 속이 다 익을때까지 굽는다.

- 오븐에 넣고 오븐 망 위에 껍질이 위로 가게 올려 구워도 좋아요.

**4** 구운 닭은 키친타월 위에 올려 수분, 기름을 뺀다.

**5** 팬에 끓인 양념, 닭, 떡, 고추를 넣고 양념이 찐득해질 때까지 중불에서 3분간 저어가며 볶는다.

- 소스 상태에 따라 졸이는 시간을 조절해요.

**6** 불을 끄고 닭과 떡, 소스를 토치로 5분 정도 구워 불맛을 입힌다.

***tip*** 남은 양념에 삶아서 물기를 뺀 라면이나 밥을 넣어 비비거나 한 번 볶아서 먹으면 더 맛있어요. 밥이나 사리도 토치로 마무리하면 불맛이 더해져요.

# 닭갈비양념장 15~20인분

닭갈비양념장을 왜 이렇게 대용량으로 만드는지 의아하실 거예요.
이 양념장은 냉장하여 2달, 냉동하여 6달을 보관할 수 있고,
닭갈비뿐만 아니라 볶음밥, 볶음, 주물럭 등 다양한 음식의 매운 양념으로 사용해요.
한번 맛보면 계속 꺼내어 쓸 만큼 맛있으니 수고롭지 않게 한 번에 만들어요.

*ingredients*

**닭갈비양념장 총 1.2kg**

양파 1개(150g)
대파(흰 부분) 4대(100g)
마늘 40개(150g)
간장 250ml
피시소스 4큰술(60ml)
생강즙 2작은술(선택)
고추기름 7큰술(70ml)
설탕 210g
카레가루 2큰술(30g)
고운 고춧가루 180g
후춧가루 12g
미원 5g(선택)

**닭갈비양념장 2인분**(120g)

간 양파 1.5큰술(15g)
다진 대파 2큰술(10g)
다진 마늘 1.5큰술(15g)
간장 1.5큰술(25ml)
피시소스 1작은술(6ml)
고추기름 2작은술(7ml)
설탕 1.5큰술(21g)
카레가루 1작은술(3g)
고운 고춧가루 2.5큰술(18g)
후춧가루 약간
미원 1꼬집(선택)

**1** 양파, 대파, 마늘은 갈기 좋게 썬다.

**2** 믹서에 양파, 대파, 마늘을 넣고 액체인 간장, 피시소스, 생강즙을 넣고 곱게 간다.

- 1.2kg 양념장에 물엿 2큰술을 추가하면 조금 덜 매워요.

**3** 나머지 재료를 넣고 잘 젓는다.

**4** 밀폐용기에 넣어 냉장실에서 1~3일간 숙성 후 냉장 보관하여 2달 내에, 냉동 보관하여 6달 내에 사용한다.

***tip***

◦ 닭고기 350g에 채소를 듬뿍 넣고 닭갈비 양념장 100g을 사용하면 알맞아요.

◦ 보통 닭갈비양념장에 참기름, 통깨를 넣는 경우가 많은데 대용량 양념이라 넣지 않았으니 닭갈비나 볶음밥을 만들 때 취향에 따라 추가해요.

◦ 냉동해도 단단하게 얼지 않으니 냉장실에서 잠시 해동해 사용하면 편리해요.

◦ 닭갈비 외에 닭갈비맛볶음밥(70쪽)이나 매운오리주물럭(180쪽), 순대볶음(186쪽) 등에 두루 사용할 수 있어요.

# 닭갈비 2~3인분

많은 분들이 좋아하는 홈쿠진표 닭갈비예요.

닭갈비만 먹으면 아쉬우니까 같이 굽는 채소와 사리, 볶음밥까지 세트로 준비했어요.

꽤 푸짐한 양이지만 사 먹는 것 이상으로 맛있어서 자꾸 손이 가요.

좋아하는 채소와 사리를 추가해서 든든하게 먹어요.

*ingredients*

**닭갈비**

닭다리살 350g(손질 후)
닭갈비양념장 100g(162쪽)
감자 1개
양파 1개
대파(흰 부분) 1대
양배추 2장
깻잎 15장
버터 2큰술

**사리**

쫄면 200g
닭갈비양념장 2큰술(162쪽)
버터 1큰술

**볶음밥**

밥 1.5공기
김치 2잎
닭갈비양념장 2큰술(162쪽)
버터 1큰술
참기름 1작은술
김가루 약간

**1** 닭고기는 껍질, 기름, 핏줄을 제거해 한입 크기로 썰고, 닭갈비양념장을 넣어 무친다.

- 전날 미리 양념에 재워두면 좋아요.

**2** 감자는 얇게 썰고, 양파, 대파, 양배추, 깻잎은 먹기 좋게 썰고, 볶음밥 재료의 김치는 잘게 썬다.

- 취향에 따라 고구마, 단호박, 버섯 등의 채소를 넣어도 좋아요.

**3** 쫄면은 가닥가닥 뜯어 끓는 물에 2~3분간 삶아 헹궈 물기를 짠다.

**4** 큰 팬에 버터를 녹이고 닭, 모든 채소를 넣은 후 양념에 채소가 어우러지고 닭고기가 익을 때까지 중불에서 7~10분간 눌러붙지 않게 볶아 먹는다.

- 닭갈비와 채소는 처음에는 섞이지 않게 따로 볶다가 익으면 섞어서 양념이 디거니 흥건하지 않도록 볶아요.
- 천천히 익는 감자나 고구마는 한 번 구워서 넣으면 더 좋아요.
- 닭갈비는 불 조절이나 팬 크기에 따라 볶는 시간이 달라져요.

**5** 닭갈비를 건져 먹은 팬에 쫄면, 닭갈비양념장, 버터, 물 2~3큰술을 넣고 잘 비벼가며 볶아 먹는다.

**6** 쫄면을 건져 먹은 팬에 밥, 김치, 닭갈비양념장, 버터를 넣고 볶다가 참기름, 김가루를 넣고 볶아 먹는다.

- 닭갈비를 조금 남겨두었다가 밥과 함께 볶으면 더 맛있어요.

***tip*** 닭갈비나 볶음밥에 모차렐라치즈를 넣어도 맛있어요.

# 고기순대구이 2인분

시판 고기순대에 갖은 채소와 파인애플까지 곁들이면 훌륭한 요리가 돼요.
순대는 담백하게 구워 준비하고 채소는 양념장을 넣고 볶아서 맛에 포인트를 줘요.
여기에 상큼한 파인애플과 콕 찍어 먹는 겨자간장까지 곁들이니
재료와 조리법, 맛의 어울림이 신선해요.

*ingredients*

고기순대 600g
참나물 2줌
깻잎 15~20장
파인애플통조림 링 4개
대파(흰 부분) 1대
냉동우동사리 1개
버터 2큰술
닭갈비양념장 1작은술+1큰술
(162쪽)

**겨자소스**

물 1큰술
연겨자 1작은술
연와사비 1작은술
설탕 1큰술
식초 1.5큰술
간장 1작은술
피시소스 1작은술
참기름 1작은술

**1** 참나물, 깻잎, 파인애플은 먹기 좋게 썰고, 대파는 길게 반 갈라 어슷하게 썬다.

**2** 겨자소스 재료는 잘 섞는다.

- 물에 연겨자, 연와사비를 갠 후에 나머지 재료를 섞어요.

**3** 끓는 물에 고기순대를 봉투째 넣어 불을 끄고, 뚜껑을 닫아 10분간 데운다.

**4** 큰 팬에 버터를 두르고 데운 순대를 통째로 얹어 중불에서 앞뒤로 노릇노릇하게 굽는다.

**5** 순대를 팬 가장자리로 밀고 참나물, 깻잎, 대파를 섞어 팬에 올린 후 닭갈비양념장 1작은술을 얹어 볶고, 그 옆에 파인애플을 올려 굽는다.

**6** 끓는 물에 우동을 살짝 데쳐 건지고, 순대팬 한쪽에 우동, 버터, 닭갈비양념장 1큰술, 물 2큰술을 넣어 볶는다.

- 깔끔하게 먹으려면 사리는 따로 볶아서 순대구이팬에 올려요.

**7** 구운 순대를 한입 크기로 자르고 채소, 파인애플이 다 구워지면 겨자소스를 곁들여 먹는다.

- 순대를 조금 남겨서 볶음밥을 만들어 먹어도 좋아요.

# 제육볶음 2인분

제육볶음은 조리법에 따라 원하는 질감으로 요리할 수 있어요.
이 레시피는 고기와 채소를 따로 굽고 마지막에
양념장과 함께 재빨리 볶아서 물기 없이 완성하는 버전이에요.
촉촉하게 완성해서 당면을 곁들인 촉촉제육볶음(170쪽)도 있으니 입맛 따라 골라 먹어요.

*ingredients*

돼지고기(불고기용) 500g
양파 1개
대파(흰 부분) 1대
참기름 2작은술
통깨 1작은술

**양념장**
설탕 1.5큰술
고운 고춧가루 2큰술
다진 대파 2큰술
다진 마늘 1.5큰술
고추장 1큰술
맛술 1.5큰술
간장 2.5큰술
고추기름 0.5큰술
후춧가루 약간

**1** 양념장 재료는 잘 섞는다.

**2** 양파, 대파는 도톰하게 채 썬다.
- 청양고추를 2~3개 넣어도 좋아요.

**3** 달군 팬에 돼지고기를 넣고 센 불에서 펼쳐가며 노릇노릇하게 완전히 구워 덜어둔다.
- 고기를 구울 때 토치로 불맛을 내면 더 맛있어요.

**4** 같은 팬에 양파, 대파를 넣고 센 불에서 굽듯이 2~3분간 볶는다.

**5** 구운 돼지고기, 양념장을 넣고 잘 섞어가며 2~3분간 볶는다.

**6** 고기가 다 익으면 참기름을 섞고 접시에 담아 통깨를 뿌린다.

*tip*
- 제육볶음용 고기로는 대패목살이나 대패삼겹살, 앞다릿살 등을 사용해요.
- 깻잎, 참나물, 쪽파, 구운 마늘을 올리거나 겨잣잎, 명잇잎을 곁들이면 잘 어울려요.

# 촉촉제육볶음 2~3인분

고기에 양념을 재우고 채소와 함께 볶으면 바특하지 않고 촉촉한 제육볶음이 돼요.
이때 불린 당면을 약간 넣으면 당면이 양념을 흡수해서 요리의 수분이 적당해지고
면을 건져 먹는 재미도 있어요. 대패목살이나 얇은 앞다릿살 부위를 사용해 만들어요.

*ingredients*

돼지고기(불고기용) 500g
양파 1개
대파(흰 부분) 1대
청양고추 2~3개
쪽파 약간
당면 50g
식용유 약간
참기름 1작은술
통깨 약간

**양념**
설탕 1.5큰술
고운 고춧가루 2큰술
다진 마늘 1.5큰술
다진 대파 2큰술
간장 3큰술
맛술 1.5큰술
고추기름 0.5큰술
고추장 1큰술
후춧가루 약간

**1** 양념 재료는 잘 섞고, 당면은 찬물에 담가 1시간 이상 불린다.
- 전날 미리 불려서 냉장실에 두었다 사용해도 돼요.

**2** 양파, 대파는 채 썰고, 고추, 쪽파는 송송 썬다.

**3** 고기, 양파, 대파를 섞고 양념장을 넣어 잘 무친다.

**4** 달군 팬에 식용유를 두르고 양념한 고기를 펼쳐가며 중불에서 볶는다.

**5** 고기가 70% 정도 익어서 수분이 나오면 고기를 팬 한쪽으로 밀고, 당면, 고추를 넣어 당면이 투명해질 때까지 볶다가 고기와 섞어서 2분간 볶는다.
- 불린 당면은 물기를 너무 털지 말고 물에서 건져 바로 넣어요.

**6** 고기가 다 익으면 불을 끄고 참기름을 둘러 섞은 후 쪽파, 통깨를 뿌린다.
- 고기를 다 볶고 토치로 불맛을 입히면 더 맛있어요.

***tip*** 당면은 100g짜리 오뚜기 사리당면의 절반을 사용하면 딱 적당해요. 많이 먹겠다고 당면을 많이 넣으면 수분이 부족해서 당면이 제대로 익지 않아요. 또 당면을 익히려고 물을 넣으면 양념이 부족해서 고기가 싱거워지니 당면은 꼭 적당량을 사용해요.

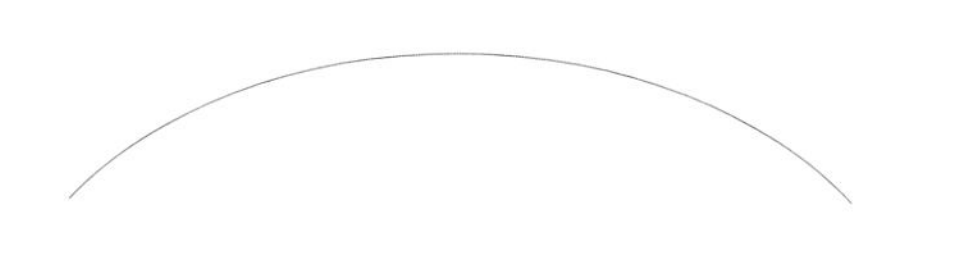

# 궁중떡볶이 2~3인분

떡잡채라고도 불리는 궁중떡볶이는 채소와 고기에 떡도 들어 있어 맛도 포만감도 좋아요.
차분한 느낌의 메인 요리 같아서 밥 대신 단품으로 먹기에도 좋고 특별한 상차림에도 잘 어울려요.
떡에 간이 잘 배어야 하니 말랑말랑한 떡을 사용해요.

*ingredients*

가래떡 450g
건목이버섯 5g
애호박 1/2개
양파 1/2개(100g)
대파(흰 부분) 1대
표고버섯 5개
소고기 300g
(불고기용/잡채용)
식용유 약간
다진 마늘 1.5큰술
참기름 1큰술
후춧가루 약간

**떡불림물**
물 300ml
설탕 1큰술
간장 2큰술

**떡양념**
간장 2큰술
식용유 0.5큰술
조청 1.5큰술

**고기양념**
간장 1큰술
조청 1큰술
후춧가루 약간

**1** 가래떡은 길게 반 갈라 먹기 좋게 썬 후 떡불림물에 담가 1시간 이상 불리고, 건목이는 찬물에 담가 30분~1시간 정도 불린다.

- 떡은 불린 그대로 데쳐야 하니 냄비에 넣고 불리면 편해요.

**2** 호박은 돌려 깎아 채 썰고, 양파, 대파는 채 썰고, 표고는 밑동을 떼 얇게 썬다.

**3** 끓는 물에 표고를 데쳐 물기를 짜고, 불린 건목이는 데친 후 꼭지를 손질해 채 썬다.

- 표고는 데치지 않고 바로 볶아도 돼요. 생목이는 데치지 않고 사용해요.

**4** 달군 팬에 식용유를 두르고 중불에서 호박, 양파, 표고, 목이, 대파를 각각 볶는다.

- 호박, 양파는 소금을 약간 넣어 볶고, 표고는 간장 0.5큰술을 넣고 볶아요.

**5** 떡불림물에 담근 떡을 그대로 중불에서 떡이 말랑해질 때까지 4~5분간 데쳐 건진 후 떡양념을 넣어 무친다.

**6** 달군 팬에 식용유를 두르고 중불에서 소고기를 붉은색이 없어질 때까지 볶다가 고기양념을 넣어 익힌다.

**7** 볶은 채소, 마늘을 넣고 1~2분간 볶다가 떡을 양념째 넣어 2분간 볶고, 불을 끈 후 참기름, 후춧가루를 넣어 여열로 볶는다.

- 송송 썬 쪽파, 통깨, 달걀지단, 은행, 잣 등 원하는 고명을 올려요.

# 간단돼지갈비 2인분

살코기만으로도 돼지갈비 같은 맛을 내는 요리예요.
뼈 있는 돼지갈비의 핏물을 빼고 기름을 제거하고 데치는 과정을 생략하니
언제든지 쉽게 만들 수 있어요. 간을 너무 세지 않게 만들어
살짝 짭조름하고 달큼한 정도라 맨입에 먹어도 괜찮고 반찬으로도 좋아요.

*ingredients*

돼지고기(불고기용) 600g
청양고추 2~3개

**고기 600g 양념**
설탕 2큰술
다진 마늘 1.3큰술
맛술 1큰술
간장 3큰술
생강즙 0.5작은술
후춧가루 약간

**고기 1kg 양념**
설탕 52.5g
다진 마늘 40g
맛술 30g
간장 70g
생강즙 5g
후춧가루 약간

**1** 비닐팩에 고기, 양념 재료를 넣고 설탕이 녹도록 주물러 공기를 빼 밀봉하고, 최소 30분~최대 12시간 정도 냉장실에서 숙성한다.

- 오래 두면 고기에서 수분이 빠져 양념이 희석되니 24시간 이내에 사용해요.

**2** 고추는 어슷하게 썬다.

**3** 달군 팬에 고기를 올려 약불에서 한 장 한 장 떼어가며 굽는다.

**4** 고기가 거의 다 익으면 중불에서 수분을 날려가며 굽다가 마지막에 고추를 넣어 2분간 볶는다.

- 편으로 썬 마늘이나 구운 통마늘, 직화로 구운 대파를 넣어도 좋아요.

**5** 수분이 다 졸아들면 불을 끄고, 고기를 골고루 뒤집어가면서 사이사이에 토치로 불맛을 입힌다.

***tip*** 고기는 얇게 썬 구이용으로 등심덧살이나 앞다릿살이 좋아요. 도톰한 구이용은 칼집을 내거나 고기망치로 얄팍하게 펴고 한입 크기로 잘라 사용해요.

# 매운돼지갈비찜 3~4인분

만드는 방법은 소갈비찜(198쪽)과 비슷한데
사과와 고춧가루를 넣어 매콤하면서도 달콤한 맛이 좋아요.
고기를 푹 익혀서 딱 먹기 좋게 부드럽고, 함께 익힌 채소와 당면, 떡 또한 당연히 맛있어요.
남은 양념에 볶음밥까지 푸짐하게 챙겨 먹어요.

*ingredients*

돼지갈비(찜용) 1.5kg
떡볶이떡 300g
양파 1/2개
대파 1대
청양고추 2~3개

**양념**
물 1컵
배 1/2개(200g)
사과 1/2개(100g)
양파 1/2개(100g)
대파(흰 부분) 50g
마늘 50g
설탕 50g
(혹은 설탕 20g+조청 50g)
맛술 25ml
청주 25ml
간장 100ml
후춧가루 약간
고운 고춧가루 50g

**1** 돼지갈비는 잘 씻어서 키친타월로 물기를 꼼꼼히 닦고, 떡은 물에 담가 불린다.

**2** 믹서에 고춧가루를 제외한 양념 재료를 넣어 곱게 갈고, 마지막에 고춧가루를 넣어 잘 저어가며 섞는다.

**3** 양파, 대파, 고추는 큼직하게 썬다.

**4** 냄비에 돼지갈비, 양념을 넣고 뚜껑을 비스듬히 닫아 중약불로 1시간 정도 푹 익힌다.

- 뼈에서 핏물이 나오면 꺼내어 키친타월로 닦고, 처음에는 15분 간격으로, 졸아들기 시작하면 5분 간격으로 저어가며 익혀요.
- 양념이 많이 졸아들면 뜨거운 물을 조금씩 보충해가며 끓여요.

**5** 고기가 부드럽게 익으면 양파, 대파, 고추, 떡을 넣어 떡이 말랑말랑하게 익을 때까지 약불에서 20분간 저어가며 되직하게 끓인다.

- 고기를 숟가락으로 눌러 부드럽게 갈라지면 잘 익은 거예요.
- 간을 보고 단맛을 추가하고 싶다면 물엿을 약간 넣어요.
- 양념을 긁으면 바닥이 잠깐 보였다가 사라지는 농도여야 고기와 떡에 양념이 착 달라붙어요.

*tip*

- 마지막에 불린 당면 100g, 물 100ml를 넣어서 끓여 먹어도 좋아요. 감자나 당근, 단호박, 고구마 등 단단한 채소를 넣을 때는 좀 더 빨리 넣고 익혀요.
- 남은 양념에는 밥, 대파, 부추를 넣어 볶다가 김가루, 참기름, 통깨를 뿌려 볶아 먹어요.
- 마늘돼지갈비찜을 만들려면 불을 끄고 다진 마늘 3큰술을 넣어 여열로 익혀요.

# 생선가스 & 타르타르소스

4~5인분

흰 살 생선을 튀긴 생선가스와 마요네즈 베이스의 고소하고 상큼한 타르타르소스는
떼려야 뗄 수 없는 관계예요. 다양한 흰 살 생선 중에 달고기를 가장 추천하는데요,
겉은 바삭하고 속은 뽀얗고 부드럽게 조리돼 정말 맛있어요.

*ingredients*

흰 살 생선 필렛 700g
(달고기 등)
달걀 2개
밀가루 적당량
빵가루 적당량
식용유 적당량

**타르타르소스**
양파 1/4개
코니숑피클 4개
(혹은 오이피클 2줌)
케이퍼 2큰술
레몬즙 1.5큰술
마요네즈 10큰술
홀그레인머스터드 2작은술
소금 약간
후춧가루 약간

**1** 타르타르소스 재료의 양파, 피클, 케이퍼는 최대한 잘게 썰고, 나머지 재료를 잘 섞는다.

- 일반 오이피클을 사용할 땐 다진 후 물기를 꼭 짜서 사용해요.

**2** 생선은 포 뜨듯이 3등분해 물기를 제거하고, 달걀은 잘 푼다.

**3** 생선에 밀가루-달걀물-빵가루 순으로 꼼꼼하게 옷을 입힌다.

- 밀가루를 구석구석 꼼꼼히 묻힌 후 털어야 달걀물이 잘 밀착돼 빵가루가 촘촘히 붙어요.

**4** 팬에 식용유를 부어 180℃로 예열하고, 중불에서 생선가스를 속까지 익도록 6~8분간 노릇노릇하게 튀긴다.

- 생선가스를 튀기며 가라앉은 빵가루는 중간중간 건져내요.
- 포 뜬 생선 두께에 따라 튀기는 시간을 조절해요.

**5** 생선가스를 망 위에 올려 한 김 식힌 후 한입 크기로 썰어 타르타르소스를 곁들인다.

- 튀긴 음식은 망 위에 얹어 식히면서 수분과 기름을 빼야 바삭바삭해져요.

*tip*

◦ 빵가루는 고운 습식빵가루를 사용하면 더 맛있어요.

◦ 타르타르소스는 피시앤칩스나 굴튀김, 새우튀김 등에 잘 어울려요. 타르타르소스에 삶은 노른자 2개를 체에 내려서 섞은 후 일본식타르타르소스로 즐겨도 좋아요.

# 매운오리주물럭 2~3인분

생오리슬라이스를 닭갈비양념장에 무쳐서 매콤하게 구워 먹는 요리예요.
식당처럼 기름이 빠지는 불판에 구워 먹으면 담백하게 즐길 수 있는데,
일판 팬을 사용해 기름을 덜어내고 구워도 돼요.
알배추무침(250쪽)이나 상큼한 반찬을 곁들여 먹으면 잘 어울려요.

*ingredients*

생오리슬라이스 1kg
양파 1개
대파 1대
부추 1~2줌
팽이버섯 1~2봉
맛술 2큰술
고운 고춧가루 1큰술
닭갈비양념장 8큰술
(200g/162쪽)

**볶음밥**
밥 1공기
김치 3잎
부추 약간
청양고추 1개
닭갈비양념장 1큰술(162쪽)
김가루 약간
참기름 2~3방울

**1** 오리고기는 키친타월에 올려 물기를 제거하고, 맛술, 고춧가루를 넣어 무치다가 닭갈비양념장을 넣어 무친다.

**2** 양파, 대파는 채 썰고, 부추, 팽이는 먹기 좋게 썰고, 볶음밥용 김치, 부추, 고추는 잘게 썬다.

**3** 기름이 빠지는 불판에 오리고기, 양파, 대파를 올려 중불에서 굽듯이 볶는다.

- 오리는 기름이 많이 나와 기름이 빠지는 불판을 사용해야 좋지만, 일반 팬을 사용할 때는 처음에 나오는 기름만 따로 덜어 밥 볶을 때 사용하고, 나머지 기름은 키친타월로 닦아가며 구워요.

**4** 오리고기가 다 익으면 부추, 팽이를 넣고 살짝 구워서 먹는다.

**5** 오리고기를 건져 먹고 나면 불을 끄고 밥, 김치, 부추, 고추, 닭갈비양념장를 넣고 잘 비빈다.

**6** 다시 중불로 켜고 밥을 볶다가 김가루, 참기름을 넣어서 볶은 후 팬에 펼쳐 3~4분간 그대로 두어 밥이 바닥에 눌어붙으면 먹는다.

- 덜어둔 오리기름 1큰술을 넣어서 볶으면 더 맛있어요.

# 오리소금구이 2~3인분

하얗게 구워낸 오리고기는 먹고 나면 보양식을 먹은 것 같아요.
담백하게 양념한 오리고기와 고추, 버섯, 부추가 참 잘 어울리지요.
오리는 기름이 많이 나오니 꼭 기름이 빠지는 불판을 사용하고,
육즙과 함께 나온 첫 기름으로 밥을 볶아 먹어요.

*ingredients*

생오리슬라이스 700g
감자 2개
양파 1개
부추 1/2줌
대파(흰 부분) 1~2대(선택)
마늘 1줌
팽이버섯 1봉

**고기양념**

청양고추 7개
맛소금 0.5작은술
소고기맛조미료 0.5작은술
다진 마늘 2~3큰술
청주 1큰술(혹은 맛술)
참기름 1큰술
후춧가루 약간

**볶음밥**

밥 1.5공기
김치 2잎
부추 1/2줌
청양고추 2개
다진 마늘 1.5큰술
오리기름 2큰술
소고기맛조미료 1작은술
김가루 약간
참기름 2~3방울
후춧가루 약간

**1** 고기양념의 고추는 송송 썰고, 오리고기의 물기를 닦아 고추, 나머지 고기양념을 모두 넣어 골고루 무친다.

- 고추의 씨가 색이 변했으면 씨를 빼고 썰어요.

**2** 감자, 양파는 둥글게 썰고, 부추, 대파, 마늘, 팽이는 먹기 좋게 썰고, 볶음밥용 김치, 부추, 고추는 잘게 썬다.

**3** 기름이 빠지는 불판 가장자리에 감자, 양파, 대파 마늘을 올리고, 가운데 오리고기를 얹어 중불에서 굽듯이 익힌다.

- 기름이 한 번에 전부 빠지지 않도록 기름구멍을 감자로 적당히 막고 구워요.
- 처음에 나온 오리기름에는 육즙이 많으니 첫 기름은 다시 팬에 부어 감자, 양파, 마늘을 볶을 때 써도 돼요. 첫 오리기름은 2큰술 정도 남겨 밥 볶을 때 써요.

**4** 고기, 감자, 양파가 노릇노릇하게 익으면 부추, 팽이를 올려 구워 먹는다.

**5** 오리고기와 채소를 건져 먹은 팬에 김치, 고추, 마늘을 넣고 중불에서 볶다가 오리기름을 넣고 3~4분간 볶는다.

**6** 밥, 조미료, 부추, 김가루, 참기름, 후춧가루를 넣고 볶은 후 팬에 펼쳐 3~4분간 그대로 두어 밥이 바닥에 눌어붙으면 먹는다.

- 조미료는 약간만 넣고 간이 부족하면 김가루나 소금으로 보충해요.
- 알배추무침(250쪽)을 곁들이면 잘 어울려요.

# 소불고기 2~4인분

저는 소불고기를 간장으로만 간하지 않고 피시소스를 살짝 넣어 풍부한 맛을 끌어내요.
짜지 않고 많이 달지 않은 데다 국물이 약간 있어서 밥과 함께 촉촉하게 먹기 좋아요.
일반 불고기용보다 샤부샤부용 얇은 고기를 사용하면 훨씬 부드러워요.

*ingredients*

소고기(샤부샤부용) 500g
양파 1개
대파(흰 부분) 2대

**양념**
설탕 2큰술
다진 마늘 1.5큰술
맛술 1.5큰술
간장 2큰술+2작은술
피시소스 1.5작은술
(혹은 간장 2작은술)
참기름 1큰술
후춧가루 약간

**1** 양파, 대파는 길게 반 갈라 채 썬다.

**2** 소고기는 살짝 해동해 양념을 넣어 무치고 양파, 대파를 넣어 다시 한 번 버무린다.

• 샤부샤부용 고기는 매우 얇은 편이니 부서지지 않도록 힘주지 않고 무쳐요.

**3** 달군 팬에 양념한 고기를 넣고 약간 센 불에서 고기를 펼쳐가며 골고루 볶는다.

**4** 고기 국물이 바닥에 아주 약간만 남을 때까지 볶아 불을 끈다.

***tip***

◦ 질긴 고기라면 고기 500g당 간 파인애플이나 간 키위 1작은술을 양념에 넣어요.

◦ 두께가 1~2mm인 샤부샤부용 고기는 주로 냉동인데, 완전히 해동하지 말고 실온에서 10~20분 정도 냉기만 빼서 사용해요.

# 순대볶음 2인분

닭갈비양념장으로 만드는 순대볶음이에요.
순대를 구울 때 식용유 대신 고추기름을 사용하면 맛이 풍부해지고,
버터를 사용하면 조금 더 고소해져요.
순대볶음이 남으면 닭갈비처럼 버터와 사리, 닭갈비양념장을 넣고 볶아서 먹어요.

*ingredients*

순대 600g
양파 1개
대파(흰 부분) 1~2대
양배추 2장
깻잎 15장
식용유 적당량
들깻가루 3큰술
참기름 2작은술
통깨 약간

**양념장**

닭갈비양념장 4큰술(162쪽)
물 1큰술
고추장 2작은술

**1** 양념장 재료는 잘 섞는다.

**2** 양파, 대파, 양배추, 깻잎, 순대는 먹기 좋게 썬다.
- 순대는 피가 벗겨지지 않게 실온에 30분 정도 두었다가 잘 드는 칼로 썰어요.

**3** 달군 팬에 식용유를 두르고 중불에서 순대를 앞뒤로 구워 80% 정도 익힌다.

**4** 순대는 팬 가장자리로 밀어두고, 팬에 식용유를 두른 후 센 불에서 양파, 대파, 양배추를 섞어 5~6분간 볶다가 순대와 섞어 1~2분간 볶는다.

**5** 중약불로 줄여 양념장을 90%만 넣고 순대, 채소, 양념장을 골고루 비벼가며 섞은 후 깻잎을 넣어 1~2분간 볶는다.
- 간을 보고 싱거우면 남은 양념을 더 넣어요.

**6** 불을 끄고 들깻가루, 참기름을 넣어 여열로 조금 더 볶다가 통깨를 뿌린다.
- 들깻가루는 취향에 따라 찍어 먹을 수 있도록 따로 준비해도 좋아요.

# 백순대볶음

2인분

백순대볶음의 가장 중요한 세 가지는 재료, 양념, 큰 팬이에요.
식당에서 백순대를 주문하면 아주 큰 팬에 나오는데, 만들어보면 그 이유가 납득이 갈 거예요.
다양한 재료를 모두 펼치듯 굽고 볶아야 그 맛을 제대로 느낄 수 있거든요.
아스파라거스를 넣어도 잘 어울려요.

*ingredients*

순대 500g
양파 1개
대파 1대
양배추 1/8개
깻잎 30장
팽이버섯 1봉
청양고추 2~3개
마늘 6~7개
베이컨 150g
쫄면 100g
올리브유 2큰술
맛소금 약간
소금 약간
후춧가루 약간
들깻가루 2큰술
참기름 1작은술

**양념장**

닭갈비양념장 3큰술(162쪽)
들깻가루 2큰술
물 3큰술
참기름 약간

**1** 양념장 재료는 잘 섞는다.

**2** 순대, 양파, 대파, 양배추, 깻잎, 팽이, 고추는 먹기 좋게 썰고, 마늘은 꼭지를 떼고, 베이컨은 한입 크기로 썰어 하나씩 뗀다.

**3** 쫄면은 가닥가닥 뜯어 끓는 물에 2~3분간 삶아 헹구고 물기를 꼭 짠다.

**4** 달군 팬에 올리브유 1큰술을 두르고 중불에서 순대, 베이컨을 넣어 앞뒤로 굽는다.

**5** 양배추, 양파, 대파, 마늘을 넣어 4~5분간 볶다가 맛소금, 소금, 후춧가루를 뿌려 섞는다.

**6** 팽이, 고추를 넣고 1~2분간 볶다가 깻잎을 넣어 살짝 볶는다.

**7** 순대는 팬 가장자리로 밀어두고, 팬에 쫄면, 물 1큰술, 올리브유 1큰술, 소금, 후춧가루를 넣고 3~4분간 볶는다.

- 쫄면은 약간 수분감이 있게 오일파스타를 만들 듯이 볶아요.

**8** 순대에 들깻가루 1.5큰술, 참기름 0.7작은술을 넣고, 쫄면에 들깻가루 0.5큰술, 참기름 0.3작은술을 넣은 후 각각 1분간 볶아 양념장을 찍어 먹는다..

***tip***
◦ 보승순대, 후레시도프베이컨을 사용했어요.
◦ 쫄면과 깻잎 대신 감자사리면, 방아잎을 넣어도 좋아요.

# 허니간장치킨 2~3인분

교촌치킨 스타일의 짭조름하고 달콤한 치킨을 집에서 즐겨볼까요?
얇고 가벼우면서 바삭바삭한 튀김옷에 단짠단짠 소스가 얇게 발려서 먹기 좋아요.
소스를 바르면 눅눅해질 것 같지만 가볍게 바르면 바삭함이 살아 있어요.
닭날개를 사용해 조리 시간도 길지 않아 좋답니다.

*ingredients*

닭날개 1~1.5kg
식용유 적당량

**소스**
양파 1/2개
냉동 다진 마늘 2큰술
물 5큰술
설탕 3큰술
식초 0.5큰술
간장 4큰술
굴소스 0.5큰술
칠리소스 2큰술
꿀 2큰술
치킨파우더 0.5작은술
베트남고추 5~10개
후춧가루 약간

**튀김반죽**
튀김가루 60g
감자전분 60g
물 200ml

**1** 강판에 소스 재료의 양파를 갈고, 냉동 다진 마늘에 물을 부어 면포나 체에 걸러 마늘즙을 만든다.

- 양파가루 1작은술, 마늘가루 1작은술을 사용해도 돼요.

**2** 냄비에 나머지 소스 재료, 간 양파, 마늘즙을 넣어 중불에서 끓어오르면 2분간 저어가며 끓인 후 불을 끄고 완전히 식힌다.

- 소스는 식으면 끈적해지니 양념으로 바르기에 좀 묽다 싶을 때 불을 꺼요.
- 바르기 딱 좋은 상태로 졸이면 식은 후에 많이 끈적해지는데, 이때는 물을 1~2큰술 정도 넣고 한 번 더 끓여요.

**3** 닭날개는 씻어 물기를 제거하고, 튀김반죽 재료는 잘 섞는다.

**4** 냄비에 식용유를 부어 180℃로 예열하고, 닭날개에 튀김옷을 입혀 속이 익을 때까지 1차로 튀겨 건진다.

- 튀김옷이 익을 때까지 절대 휘젓지 말고, 서로 붙어도 튀겨서 건진 다음 가위로 떼요.

**5** 다시 식용유에 닭날개를 넣고 2차로 바삭바삭하게 튀겨 건진 후 망 위에 얹어 한 김 식힌다.

**6** 닭튀김 겉면에 소스를 발라 5분간 그대로 두었다가 먹는다.

- 소스를 많이 바르면 짜니 가볍게 바른 후 소스가 스며들어 바삭바삭해지면 먹어요.

***tip*** 튀긴 닭을 그대로 두면 서서히 눅눅해지는데, 수분을 날린 소스를 튀김에 바르면 소스가 착 달라붙듯이 스며들면서 오히려 바삭바삭함이 잘 유지돼요.

# 함박스테이크 18~20개

소고기와 돼지고기 다짐육을 섞어서 만들어
육즙이 가득하고 촉촉한 느낌의 햄버그스테이크예요.
저는 정감 있게 '함박스테이크'라고 부르는데,
한 번에 많이 만들어두면 냉동식품처럼 꺼내 먹을 수 있어 편리해요.
냉동하여 3달까지 보관하고, 냉장실에서 해동해 사용해요.

*ingredients*

**햄버그 18~20개**(1인분 200g)
다진 소고기 2kg
다진 돼지고기 1kg
양파 4개
버터 100g
식빵 250g
우유 200ml
달걀 4개
달걀노른자 4개
다진 마늘 75g
소금 30g
후춧가루 20g
넛맥 4g

**부재료**
식용유 적당량
돈가스소스 적당량

**1** 양파는 최대한 잘게 썰고, 팬에 버터, 양파를 넣어 센 불에서 볶다가 중불-약불로 줄여가며 갈색이 날 때까지 15분 이상 볶아 캐러멜라이즈한 후 완전히 식힌다.

**2** 큰 볼에 식빵을 잘게 뜯어 넣고 우유를 조금씩 부어가며 적신다.

**3** 식빵에 소고기, 돼지고기, 볶은 양파, 달걀, 달걀노른자, 마늘, 소금, 후춧가루, 넛맥을 넣고 차지게 반죽한다.

**4** 양손에 식용유를 약간 바르고 반죽을 떼 1인분씩 둥글납작하게 빚는다.

- 너무 두껍지 않게 빚고 가운데를 살짝 눌러야 골고루 익어요.
- 나머지 햄버그는 1인분씩 랩으로 포장해 냉동 보관하고, 해동할 땐 꼭 냉장 해동해요.

**5** 달군 팬에 식용유를 두르고 햄버그를 올려 중불에서 앞뒤로 노릇노릇하게 굽는다.

**6** 중약불로 줄여 물 2큰술을 뿌리고 뚜껑을 닫아 7~10분간 익히며 두 번 정도 뒤집는다.

- 아주 약간만 더 익히고 싶을 때 불을 끄고 뚜껑을 닫아 2~3분간 여열로 익혀요.

**7** 그릇에 담아 돈가스소스를 곁들인다.

***tip***

- 너무 약불로 구워서 겉면의 크러스트가 부족하면 일단 속까지 다 익히고 팬을 한 번 닦은 후 팬에 기름을 넉넉하게 둘러 겉면을 다시 한 번 구워요.
- 함박스테이크 1인분에 달걀 3개+생크림 3큰술+소금을 잘 섞어서 오믈렛을 구워 곁들이면 좋아요. 중불로 달군 팬에 기름이나 버터를 두르고 중불에서 저어가며 만들어요.

# 함박가스

2인분

냉동한 햄버그를 조금 작고 얇게 다시 빚어서
밀가루, 달걀, 빵가루를 입혀서 튀겨낸 요리예요. 촉촉하고 부드럽게 먹는 햄버그를 튀겼더니
겉은 바삭바삭한데 속은 여전히 촉촉해 한 입 한 입 먹을 때마다
육즙이 느껴져요. 같은 재료를 다르게 조리해서 또 다른 별미를 맛보세요.

*ingredients*

햄버그 2~3개(192쪽)
달걀 2개
밀가루 1줌(20g)
습식빵가루 4~5줌
식용유 적당량
돈가스소스 적당량
마요네즈 적당량

**1** 햄버그 2인분은 냉장실에서 해동하고, 1개당 2~3등분해 둥글납작하게 빚는다.

**2** 달걀은 잘 푼다.

**3** 햄버그에 밀가루를 묻혀 털고, 달걀물을 묻히고 빵가루를 입힌다.

- 넉넉한 빵가루에 꾹꾹 눌러가며 빈틈없이 꼼꼼하게 묻혀요.
- 습식빵가루가 없으면 건식빵가루를 사용해도 괜찮아요.

**4** 냄비에 식용유를 넉넉하게 부어 180℃로 예열하고, 햄버그를 넣고 중약불에서 천천히 노릇노릇하게 튀겨 속까지 익힌다.

- 빵가루 하나를 넣었을 때 반쯤 가라앉았다 떠오르면 적당한 온도예요.
- 햄버그를 튀긴 후 가라앉은 빵가루를 건져내고 다음 햄버그를 튀겨요.

**5** 튀긴 햄버그는 기름을 털고 망 위에 얹어 수분과 기름을 빼고, 접시에 담아 돈가스소스, 마요네즈를 뿌린다.

- 마요네즈 대신 홈메이드 마요소스(34쪽)를 뿌리면 더 맛있어요.
- 채 썬 양배추를 곁들이면 잘 어울려요.

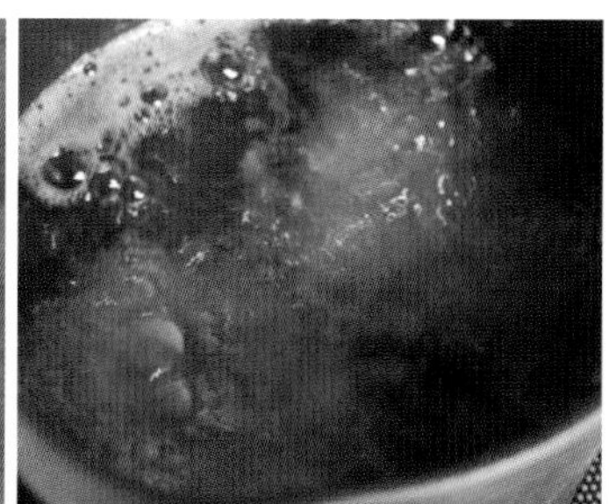

# 통항정살양념구이

2~3인분

항정살을 통으로 굽고 익힌 후에 양념에 졸였어요.

자르지 않고 구워 보들보들한 육즙이 살아 있고, 토치로 겉을 그을려 불맛이 느껴져요.

항정살은 수육처럼 썰어서 채소무침이나 양파장아찌, 명이장아찌와 곁들이고,

대파나 통마늘을 넉넉히 구워서 함께 먹어도 좋아요.

*ingredients*

통항정살 500g
쪽파 약간
소금 2~3꼬집
통깨 약간

**양념**

다진 마늘 1.5큰술
설탕 2작은술
다진 생강 1작은술
맛술 2작은술
간장 2작은술
피시소스 2작은술
후춧가루 약간

**1** 고기에 소금을 뿌려 밑간한다.

**2** 양념은 잘 섞고, 쪽파는 송송 썬다.

**3** 달군 팬에 고기를 올리고 약간 센 불에서 겉면을 노릇노릇하게 굽는다.

**4** 팬에 물 2~3큰술을 넣고 뚜껑을 닫은 후 중약불로 줄여 15분간 익히고, 중간중간 고기를 잘라 보며 속까지 익힌다.

- 에어프라이어, 오븐에 굽거나 기름에 튀겨도 좋아요. 항정살은 덩어리라도 두껍지 않아서 빨리 익으니 주의하며 익혀요.

**5** 항정살에서 나온 기름은 키친타월로 제거하고, 중불에서 양념을 넣어 고기 앞뒤로 양념을 묻혀가며 먹기 좋게 4분간 졸인다.

- 3분 정도 졸인 후 토치로 겉면을 지져주면 더 맛있어요.

**6** 뜨거울 때 썰어서 그릇에 담고 쪽파, 통깨를 뿌린다.

***tip***

◦ 알배추무침(250쪽)과 잘 어울려요.

◦ 양념은 미리 한 번 끓여서 바르기 좋은 농도로 졸인 후 붓으로 고기에 발라 구우면 더 맛있어요. 항정살을 튀겨서 사용할 때는 이렇게 소스를 따로 졸인 후에 고기에 발라 완성해요.

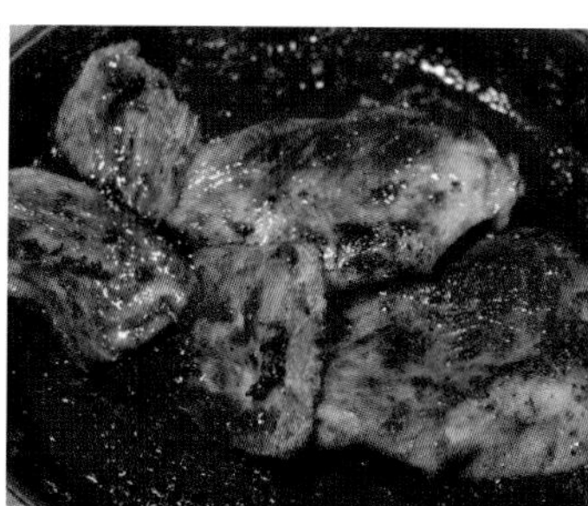

# 소갈비찜 4~6인분

소갈비 레시피를 알아두면 명절이나 생일, 손님 초대 등 특별한 날에 써먹기 좋아요.
수라상에 올리던 음식으로 시간을 들여 조리해야 하는 한식이기 때문에
상에 올리면 정성스러워 보이고 맛도 좋지요.
소갈비에 표고버섯, 은행까지 넣고 푹 익혀 더 고급스럽게 즐겨요.

*ingredients*

소갈비(찜용) 3kg
표고버섯 10개
은행 1줌
깐 밤 1줌(혹은 맛밤)
식용유 약간
물 적당량

**양념**
배 1개(400g)
양파 1개(200g)
대파(흰 부분) 100g
마늘 100g
설탕 100g
(혹은 설탕 40g+조청 110g)
간장 200ml
맛술 50ml
청주 50ml
후춧가루 약간

**육수**
대파 2대
마늘 1줌
통후추 1큰술
건다시마 1장(5x5cm)
건표고버섯 1줌(선택)

**1** 소갈비는 꼼꼼하게 씻어 키친타월로 감싼 후 냉장실에서 최소 3시간~최대 24시간 정도 두어 스며나오는 핏물을 제거한다.

**2** 믹서에 양념 재료를 모두 넣고 곱게 간다.

**3** 표고는 밑동을 떼고, 은행은 달군 팬에 식용유를 두르고 노릇노릇하게 굽는다.

**4** 끓는 물에 소갈비를 넣고 끓어오르면 3분 정도 끓인 다음 건지고, 키친타월로 핏물을 닦는다.

**5** 냄비에 육수 재료, 고기가 푹 잠길 정도의 물을 넣고 센 불에서 끓어오르면 소갈비를 넣고 중약불에서 뚜껑을 비스듬히 닫아 1시간 30분~2시간 정도 푹 삶아 불을 끈다.

• 30분마다 물이 부족한지 확인하고, 바로 먹어도 될 만큼 고기가 익으면 불을 꺼요.

**6** 갈비는 건져두고, 육수는 건더기를 체로 건져 제거한다.

**7** 육수에 갈비, 갈아둔 양념, 표고, 깐 밤을 넣고 고기가 70% 정도 잠기도록 물을 추가한다.

• 깐 밤은 이때 넣고, 맛밤과 볶은 은행을 사용할 땐 마지막에 졸일 때 넣어요.

**8** 센 불에서 끓으면 뚜껑을 비스듬히 닫아 중약불에서 15분간 끓이고, 뚜껑을 열고 은행을 넣어 15분간 저어가며 졸이듯 끓여 고기를 부드럽게 만든다.

***tip*** 소갈비찜을 만들 때 육수나 양념이 빨리 졸아서 양념은 짠데 비해 고기는 질긴 경우가 있어요. 이때는 약불로 줄이고 뜨거운 물을 부어 충분히 오래 끓여야 해요. 고기를 무조건 부드럽게 익히는 데 집중하고 간이나 농도 조절은 그 다음에 해요.

# 잡채 5~6인분

적당한 간으로 만들어서 맨입에 먹어도 좋은 잡채예요.
각각의 채소를 따로 볶는 게 번거롭지만,
재료의 식감과 향이 살아 있어 한꺼번에 볶는 것보다 훨씬 맛있어요.
레시피처럼 무쳐 먹어도 부드럽고, 마지막에 살짝 볶아 먹으면 양념 맛이 더 진해져요.
얇게 썬 지단을 넣어도 잘 어울려요.

*ingredients*

당면 300g
건목이버섯 10g(손질 후 1줌)
양파 2개
당근 1개
대파(흰 부분) 1대
애호박 1개
표고버섯 5개
소고기(잡채용) 300g
식용유 적당량
참기름 1큰술

**소고기양념**

간장 1큰술
후춧가루 약간

**당면양념**

물 350ml
설탕 2.5큰술
다진 마늘 2큰술
간장 5큰술
참기름 3큰술
조청 1큰술
후춧가루 약간

1 당면은 찬물에 담가 1시간 이상 불리고, 건목이는 찬물에 담가 30분~1시간 정도 불린다.

2 양파, 당근, 대파는 채 썰고, 호박은 돌려 깎아 채 썰고, 표고는 밑동을 떼 채 썬다.

3 표고는 데치고, 건목이도 데친 후 꼭지를 제거해 채 썬다.

- 시금치를 넣을 땐 데치고 헹궈서 물기를 짜서 사용해요.

4 달군 팬에 식용유를 두르고 중불에서 양파, 당근, 대파, 호박, 표고, 목이를 각각 익을 때까지 볶아 덜어둔다.

- 표고는 간장 0.5작은술을 넣어 볶고, 나머지 채소는 소금을 약간씩 넣어 볶아요.

5 달군 팬에 식용유를 두르고 중불에서 소고기를 볶다가 소고기양념을 넣어 수분이 없어질 때까지 볶아 덜어둔다.

6 팬에 불린 당면, 당면양념을 넣고 중불에서 7~8분간 저어가며 익히다가 수분이 없어지면 약불에서 1분간 더 볶는다.

- 당면이 다 안 익었는데 물이 부족하면 물 50ml를 더 넣고, 간이 부족하면 간장, 조청을 추가해요.

7 큰 볼에 고기, 채소, 당면을 넣고 참기름을 뿌려 골고루 무친다.

- 당면을 볶다가 나머지 재료를 넣고 가볍게 한 번 더 볶아도 좋아요.

*tip*

◦ 남은 잡채는 춘권피에 감싸서 튀겨 먹으면 맛있어요.

◦ 고기 없이 잡채를 만든 후 차돌박이를 소금으로 간해서 구워 고명처럼 얹어 먹어도 좋아요.

# PART 5

식탁 위의 푸짐한 주인공

# 전골 & 탕

한국인은 국물 요리를 정말 좋아해요.
쌀쌀한 날씨에 바람이 불거나 비가 오면 뜨끈한 국물이 생각나곤 하지요.
특히 건더기가 많은 전골이나 탕을 끓이면 다른 반찬이 없어도
잘 지은 밥 한 그릇과 함께 푸짐한 한 끼를 먹을 수 있어요.
전골과 탕에 재료를 듬뿍 넣어 건져 먹는 재미,
맛이 잘 우러난 국물에 밥이나 면을 말아 속을 든든하게 채우는 재미에
2명 이상만 모이면 꼭 상에 올리는 요리들입니다.

# 차돌두부전골 2~3인분

구입하기 번거로운 곱창 대신에
어디서든 살 수 있는 차돌박이를 넣어서 요리의 편의성을 높였어요.
재료 준비부터 요리 완성까지 20분밖에 걸리지 않고 맛도 좋아서 효율이 높은 레시피입니다.
마트용 초당두부를 사용하면 두부에 탄력이 있어서 잘 부서지지 않아요.

*ingredients*

차돌박이 300g
두부 550g
양파 1개
대파(흰 부분) 2대
청양고추 3개
사골육수 450ml

**양념**

설탕 2작은술
고운 고춧가루 4큰술
다진 마늘 2큰술
다진 대파 3큰술
맛술 1큰술
간장 3큰술
후춧가루 약간

1 냄비에 사골육수, 양념을 넣고 중약불로 5분간 끓여 불을 끈다.

2 두부는 큼직하게 썰고, 양파, 대파는 도톰하게 썰고, 고추는 어슷하게 썬다.

3 달군 팬에 차돌박이를 넣고 약간 센 불에서 펼쳐가며 굽는다.
- 너무 바싹 익지 않도록 보들보들하게 재빨리 굽고 불을 꺼야 국물과 잘 어울려요.

4 끓인 육수에 차돌박이, 두부, 채소를 넣고 약간 센 불에서 끓어오르면 중불로 줄여 5~10분간 저어가며 끓인다.
- 건더기를 먹고 나서 좋아하는 국수 종류를 삶아서 국물에 넣거나 밥을 볶아 먹어요.

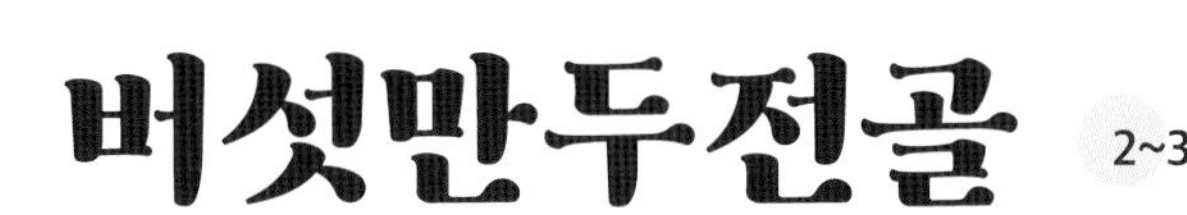


2~3인분

다양한 채소에 소고기와 만두까지 넣어 포만감 있게 즐길 수 있는 전골이에요.
보글보글 끓이는 동안 소고기와 만두에서 깊은 맛이 우러나고
채소에서 시원한 맛이 나와 매콤한 양념 국물을 더 맛있게 해줘요.
먹을 만큼 그릇에 덜고 겨자간장을 뿌려 먹어요.

*ingredients*

소고기(샤부샤부용) 200g
왕만두 8개
떡국떡 1줌
배춧잎 6장
대파 1대
애호박 1/3개
표고버섯 4개
팽이버섯 1봉
느타리버섯 1줌
사골육수 500ml
황태육수 200~300ml
(16쪽/혹은 물)

**양념장**

고운 고춧가루 0.8큰술
고춧가루 0.8큰술
다진 마늘 1.5큰술
국간장 1큰술
피시소스 0.5큰술
후춧가루 약간

**겨자간장**

물 1큰술
연겨자 1작은술
다진 마늘 1작은술
설탕 1큰술
식초 2큰술
간장 1큰술
후춧가루 약간

**1** 만두는 냉장실에서 해동하고, 떡은 물에 담가 1시간 이상 불린다.

**2** 양념장 재료, 겨자간장 재료는 각각 잘 섞는다.

- 겨자간장은 물 1큰술에 연겨자를 먼저 갠 후 나머지 재료를 넣어야 잘 섞여요.

**3** 배추, 대파는 길게 반 갈라 어슷하게 썰고, 호박, 표고는 반달 모양으로 썰고, 팽이, 느타리는 먹기 좋게 뜯는다.

**4** 냄비에 팽이를 얇게 펼친 후 만두, 떡, 배추, 대파, 호박, 표고, 느타리를 둘러 담고, 가운데에 소고기, 양념장을 올린다.

**5** 육수를 부어 중불에서 끓이고, 끓어오르면 재료에 국물을 끼얹어 가며 소고기, 만두가 익을 때까지 끓인다.

- 건더기를 먹고 난 후 국수나 칼국수, 라면, 수제비 등의 사리를 넣을 때는 따로 삶아 헹궈서 넣어요.

*tip*
- 냉동만두는 충분히 해동해야 조리 중에 피만 따로 벗겨지는 일이 없어요.
- 양념장에 고추장 1작은술을 넣으면 국물이 진해져요.
- 차돌박이 등을 구우며 나온 소고기기름을 냉동했다가 1큰술 정도 넣으면 고소한 맛이 더해져요.

# 낙곱새 2~4인분

유명한 맛집인 개미집 방식의 낙곱새예요.

재료를 준비해서 육수를 붓고 적당히 짜글짜글하게 익히면 완성이라 생각보다 간단합니다.

매콤한 양념을 쓰지만 대창에서 기름이 나와 고소하고,

양파를 듬뿍 넣어 적당히 달아요.

투명한 당면을 건져 먹고 볶음밥으로 마무리하세요.

*ingredients*

낙지 300g(손질후)
대창 100g
새우살 100g
양파 1개
대파 2~3대
당면 100g
냉동우동사리 1개
낙곱새양념장 200g
사골육수 500ml

**낙곱새양념장 200g**(2~4인분)
설탕 2작은술(10g)
고운 고춧가루 4큰술(30g)
다진 마늘 3큰술(50g)
다진 대파(흰 부분) 1대(50g)
맛술 1큰술(15ml)
간장 1.3큰술(20ml)
피시소스 1.3큰술(20ml)
고추장 0.5큰술(12g)
생강가루 0.2작은술
(혹은 생강즙 1작은술)
후춧가루 약간

**낙곱새양념장 1kg**(5회분)
설탕 50g
고운 고춧가루 150g
다진 마늘 250g
다진 대파(흰 부분) 250g
맛술 75ml
간장 100ml
피시소스 100ml
고추장 60g
생강가루 1작은술(혹은 생강즙 2큰술)
후춧가루 1작은술

**1** 당면은 찬물에 담가 1시간 이상 불린다.
- 두꺼운 당면은 3시간 이상 불리고, 전날 불려 냉장고에 두었다가 사용해도 좋아요.

**2** 양파는 1cm 크기로 나박썰고, 대파는 길게 반 갈라 1cm로 썬다.

**3** 낙지는 소금이나 밀가루로 박박 씻어 먹기 좋게 자르고, 새우는 헹구고, 대창은 길게 반 갈라 먹기 좋게 썬다.

**4** 달군 팬에 대창을 넣고 약간 센 불에서 대창 기름이 투명해질 때까지 볶듯이 익혀 덜어둔다.
- 전골냄비에서 볶다가 키친타월로 기름을 제거하고 다른 재료를 넣어도 돼요.

**5** 전골냄비에 대창, 낙지, 새우, 양파, 대파, 당면을 둘러 담고 낙곱새 양념장 150g을 올린 후 육수 400ml를 부어 약간 센 불에서 끓인다.

**6** 끓어오르면 약간 센 불로 7분간 저어가며 익혀 먹는다.

**7** 남은 양념에 우동, 육수 100ml, 양념장 50g을 넣고 중불에서 끓여 먹는다.
- 우동을 먹고 남은 양념에 밥 1.5공기를 비빈 후 대파, 쪽파, 부추 등을 넣고 볶아 김가루, 참기름을 뿌려 볶음밥을 만들어 먹어요.

*tip*
◦ 냉동우동사리는 익혀서 냉동한 제품이라 육수를 덜 흡수하니 따로 삶지 않고 육수에 바로 넣어 졸여 먹어요.
◦ 라면사리를 사용할 때는 2분 정도 삶아서 넣어요.

# 낙곱새순두부덮밥

2인분

낙곱새와 같은 방식으로 조리한 후 순두부를 넣고
물전분으로 농도를 조절해 만든 진한 덮밥소스예요.
대창과 소고기가 들어갔지만 양념장이 매콤해 느끼하지 않고
부드러운 순두부가 소스의 질감을 더 부드럽게 해줘요.
좋아하는 재료를 넣고 만들어 따끈한 밥에 얹어 먹어요.

*ingredients*

밥 2공기
순두부 1봉(혹은 연두부 2개)
대창 100g
(혹은 차돌박이 100g)
샤부샤부용 소고기 200g
(혹은 낙지나 새우살 200g)
양파 1개
대파(흰 부분) 2대
낙곱새양념장 6큰술
(140g/208쪽)
사골육수 150~200ml
참기름 2작은술
통깨 약간

**물전분**
감자전분 1큰술
물 2큰술

**1** 순두부는 반으로 잘라 그릇에 담아 물기를 뺀다.

**2** 양파는 1cm 크기로 나박썰고, 대파는 길게 반 갈라 1cm 길이로 썰고, 대창은 길게 반 갈라 먹기 좋게 썬다.

**3** 달군 팬에 대창을 넣어 센 불에서 볶아 덜어두고, 대창 기름에 소고기를 약간 센 불에서 볶아 완전히 익혀 덜어둔다.

**4** 같은 팬에 양파, 대파를 넣고 약간 센 불에서 3~4분간 굽듯이 볶다가 대창, 소고기, 낙곱새양념을 넣어 섞듯이 살짝 볶는다.

**5** 육수를 붓고 순두부를 넣어 중불에서 7분간 끓인다.
- 먼저 육수 150ml를 넣어 끓이고, 물전분을 넣기 전 국물이 적으면 50ml를 더 넣어요.

**6** 물전분을 잘 섞어 넣고 재빨리 저어가며 3분간 끓이고, 원하는 농도가 되면 불을 끄고 참기름을 넣는다.

**7** 뜨거운 밥 위에 낙곱새순두부소스를 올리고 통깨를 뿌린다.
- 송송 썬 쪽파를 뿌리면 좋아요.

***tip***
- 소기름이 꼭 들어가야 맛있어요. 대창 대신 차돌박이를 사용해도 좋아요.
- 주꾸미, 문어, 갑오징어, 조개관자 등 다양한 재료를 넣어서 만들어요.

# 된장라면 2~3인분

단골 고깃집에 가면 된장라면을 꼭 먹는데요,

가끔 고기는 안 당기지만 된장라면만큼은 꼭 먹고 싶을 때가 있어요.

그럴 때는 물과 시판 사골육수를 반반씩 넣고

찌개맛된장으로 깊은 맛을 살려 요리 같은 된장라면을 끓여요.

된장의 구수함과 소고기의 고소함이 녹아 국물도 남길 게 없답니다.

*ingredients*

라면 3개
애호박 1/2개
양파 1개
대파(흰 부분) 1/2대
다진 소고기 100g
물 500ml
사골육수 500ml
찌개맛된장 120g(124쪽)
고춧가루 1큰술

**1** 호박은 길게 반 갈라 얇게 썰고, 양파는 가늘게 채 썰고, 대파는 어슷하게 썬다.

**2** 냄비에 물, 육수, 찌개맛된장을 넣고 잘 섞은 후 고춧가루, 다진 소고기를 넣어 덩어리를 으깬다.

**3** 중불에서 저어가며 10분간 끓이다가 호박, 양파, 대파를 넣고 4~5분간 더 끓인다.

**4** 다른 냄비에 물을 끓이고 라면을 2분간 삶아 건진다.

- 라면을 삶지 않고 바로 넣으면 육수를 너무 많이 빨아들여 간이 맞지 않으니 반드시 삶아서 사용해요. 물기를 탈탈 털지 않고 건져서 국물에 바로 넣어요.

**5** 된장국물에 라면을 넣고 다시 중불에서 2분간 더 끓인다.

***tip*** 라면 대신 칼국수를 삶아서 헹궈 넣으면 된장칼국수, 수제비를 넣으면 된장수제비가 돼요. 수제비는 미리 삶지 않고 반죽을 바로 넣어야 하니 육수 양을 약간 늘리고 간을 맞춰요.

# 찜닭 2~3인분

짭조름하고 매콤달콤한 찜닭은 닭고기도 맛있지만
납작당면을 건져 호로록 먹는 재미도 좋아요. 양념이 잘 밴 감자도 맛있고요.
특히 따로 넣은 통마늘은 푹 익어서 입안에서 으깨지듯 사르르 녹아 은근한 단맛을 내요.
노두유는 색을 내기 위해 넣는데, 비싸지 않으니 구비해두면 좋아요.

*ingredients*

닭고기 1kg
(토막 낸 닭, 닭봉, 닭다리)
감자당면 150g
감자 2개
양파 1개
양배추 3장
대파 1/2대
청양고추 2개
마늘 1줌
황태육수 600ml
(16쪽/혹은 물)
참기름 1큰술

**양념**
베트남고추 10개
설탕 2큰술
고운 고춧가루 2.5큰술
다진 마늘 3큰술
다진 생강 0.5작은술
청주 2큰술
맛술 2큰술
간장 7큰술
조청 2큰술
노두유 1큰술
후춧가루 약간

**1** 당면은 찬물에 담가 3시간 이상 불리거나 전날 찬물에 불려 냉장 보관한다.
- 감자당면은 두꺼운 만큼 불리는 시간이 길어요.

**2** 감자, 양파, 양배추는 큼직하게 썰고, 대파, 고추는 먹기 좋게 썰고, 마늘은 꼭지를 제거한다.

**3** 닭고기는 씻어서 끓는 물에 5분간 데친다.
- 닭다리나 닭봉은 데치지 않고 구워서 사용해도 좋아요.

**4** 냄비에 육수, 양념 재료를 넣고 센 불에서 끓어오르면 닭고기, 감자를 넣어 중불에서 15~20분간 끓인다.

**5** 감자가 30~40% 정도 익으면 양파, 마늘, 대파, 고추를 넣고 5~7분간 더 끓이다가 양배추를 넣고 5분간 더 끓인다.
- 국물이 적을 때는 뚜껑을 닫아 중불로, 국물이 많을 때는 뚜껑을 열어 센 불로 끓여요.

**6** 닭고기와 감자가 거의 다 익으면 불린 당면을 넣고 당면이 부드럽게 익을 때까지 5~6분간 끓이고, 불을 끈 후 참기름을 넣는다.
- 닭고기를 넣고 완성될 때까지 35분 정도 끓이면 잘 익어요.

# 부대찌개 2~3인분

부대찌개를 좋아하지만 나가서 사 먹으면 건더기가 부족해서 맘껏 먹기가 어려워요.
그래서 햄과 소시지를 듬뿍 넣고 집에서 만들어 먹는데,
시판 육수와 다양한 재료가 들어가니 사 먹는 것보다 더 푸짐해요.
건더기부터 사리, 국물까지 몽땅 맛있어서 남는 것이 없답니다.

*ingredients*

감자당면 100g
소시지 2~3개
통조림햄 1/2개(170g)
라운드햄 50g
베이컨 100g
다진 소고기 100g
양파 1/2개
대파(흰 부분) 1대
김치 2잎
떡국떡 100g
슬라이스체다치즈 1장
베이크드빈스 1큰술
사골육수 500ml
물 200ml
라면사리 1개
(혹은 냉동우동사리)

**양념장**
다진 마늘 1큰술
다진 대파 1큰술
고운 고춧가루 2작은술
설탕 2꼬집
맛술 0.5큰술
간장 1큰술
후춧가루 약간

**1** 양념장 재료는 잘 섞고, 감자당면은 최소 6시간 이상 찬물에 담가 불린다.

**2** 양파, 대파는 채 썰고, 소시지, 통조림햄, 라운드햄, 베이컨, 김치는 먹기 좋게 썬다.

**3** 전골냄비에 양파, 대파를 깔고, 그 위에 소시지, 통조림햄, 라운드햄, 베이컨, 소고기, 김치, 떡, 치즈, 베이크드빈스를 둘러 담은 후 양념장, 당면을 올린다.

**4** 육수, 물을 붓고 약간 센 불로 당면이 투명하게 익을 때까지 끓인다.
- 짜면 물이나 육수를 조금 더 넣고, 싱거우면 조금 더 졸여요.

**5** 건더기를 건져 먹고, 끓는 물에 라면을 2분간 익혀 남은 부대찌개에 넣고 마저 익혀 먹는다.
- 남은 국물 양에 따라 물을 추가해서 라면을 처음부터 함께 익혀도 돼요.
- 냉동면을 사용할 땐 냉동된 그대로 국물에 넣어서 끓여요.

***tip***
- 남은 육수에 밥, 쪽파, 달걀, 김가루, 참기름을 넣어서 볶음밥을 만들어요.
- 취향에 따라 차돌박이, 데친 마카로니, 두부, 물만두, 팽이버섯 등의 재료를 추가해도 좋아요.
- 체다치즈는 치즈 함량이 80%이상인 것을 사용해야 국물에 잘 녹아요.

# 부대볶음 

2~4인분

부대찌개에 들어가는 재료를 끓이지 않고 볶아서 만드는 부대볶음이에요.
평소에 좋아하던 햄이나 소시지를 사용하고 채소도 듬뿍 넣어요.
사골육수는 약간 부족한 듯이 넣고 짜글짜글하게 끓여야 맛있어요.
사리도 부족하지 않게 넣어 먹고 볶음밥으로 마무리하면 완벽한 한 끼가 됩니다.

*ingredients*

베이컨 150g
통조림햄 1/2캔(170g)
소시지 2줌
라운드햄 100g
양배추 1/4개
양파 1/2개
대파 1대
김치 4잎
사골육수 300~400ml
냉동우동사리 1개
(혹은 냉동중화면)

**양념장**
고운 고춧가루 2큰술
다진 마늘 2큰술
간장 1큰술
청주 1큰술
피시소스 1작은술
고추장 1큰술
생강즙 0.3작은술(선택)
후춧가루 약간

**1** 양념장 재료는 잘 섞는다.

**2** 양배추, 양파, 대파, 김치, 베이컨은 먹기 좋게 썰고, 햄, 소시지, 라운드햄은 한입 크기로 얇게 썬다.
- 김치는 한 번 볶아서 사용하면 더 맛있어요.
- 햄, 소시지는 최대한 여러 종류로 총 500~600g 정도 사용해요.

**3** 전골냄비에 양배추, 양파, 대파를 깔고 소시지, 햄, 베이컨을 둘러 담아 김치, 양념장을 올린다.
- 양념장은 80%만 넣고 부족하면 나중에 더 넣어요.

**4** 중불에서 타지 않게 4~5분간 볶다가 육수를 붓고 5분간 졸이듯이 끓인 후 우동을 넣어 끓인다.
- 처음부터 사리를 넣을 때는 양념과 육수를 넉넉히 넣어요.
- 건더기를 건져 먹고 나중에 사리를 넣어서 끓여도 좋아요.

**5** 햄, 우동이 잘 익고 국물이 소스 정도로 남으면 볶듯이 익히다가 불을 끈다.
- 싱거우면 남겨둔 양념장을 더 넣고 볶아요.

*tip*
- 냉동우동사리나 냉동중화면은 국물에 바로 넣고, 라면은 2분간 삶아서 물기를 뺀 후에 넣어요.
- 햄과 양념을 적당히 남긴 후 밥, 김가루, 참기름을 넣고 볶아서 볶음밥을 만들어 먹어요.

# 간단감자탕 2~3인분

오리지널 감자탕은 아니지만 들이는 노력에 비해 가장 감자탕 같은 요리예요.
물론 등뼈를 푹 고아서 만드는 것이 더 맛있지만,
핏물을 빼고 데치는 과정이 번거롭고 시간도 오래 걸려서 간단감자탕을 더 자주 만들게 돼요.
등뼈를 사용하지 않아서 먹을 때도 편해요.

*ingredients*

돼지고기(찌개용) 600g
단배추 3포기
감자 2~3개
깻잎 15장
대파(흰 부분) 1대
팽이버섯 1봉(선택)
사골육수 1000ml
물 500ml
들깻가루 1큰술
감자수제비 1줌

**배추양념**
고운 고춧가루 3큰술
다진 마늘 3큰술
국간장 2큰술
간장 1큰술
된장 1큰술
후춧가루 약간

**1** 배춧잎은 낱장으로 뜯고, 감자는 2등분하고, 깻잎, 대파, 팽이는 먹기 좋게 썬다.

**2** 끓는 물에 배추를 넣고 30초간 데쳐 물기를 꼭 짠 후 배추양념을 넣고 무친다.

**3** 달군 냄비에 돼지고기를 넣고 약간 센 불에서 노릇노릇하게 볶다가 육수, 물, 양념한 배추를 넣고 센 불로 끓인다.

**4** 끓어오르면 중불로 줄여 30분간 끓이고, 감자를 넣어 20분간 더 끓인다.

- 중간중간 국물이 졸아들면 물을 100ml씩 추가해요.

**5** 대파를 넣고 감자가 익을 때까지 10분간 더 끓인다.

**6** 전골냄비에 감자탕을 옮겨 담고 깻잎, 팽이, 들깻가루, 감자수제비를 넣어 수제비가 익을 때까지 중약불에서 끓인다.

- 건더기를 먹다가 냉동우동사리나 2분간 삶은 라면을 넣어 끓여 먹어요.
- 남은 국물에 밥을 넣고 끓이다가 쪽파, 달걀을 넣고 끓인 후 김가루, 참기름을 넣어 죽으로 마무리해요.

***tip***

- 일반 배추, 단배추, 알배추 등을 사용하고, 돼지고기는 3~4cm 정도로 큼직하게 넣어야 맛있어요.
- 등뼈의 부피가 없어서 보통 감자탕보다 국물 양이 약간 적게 완성돼요.

# 닭한마리 2~3인분

닭한마리는 닭 한 마리를 삶아 그 육수에
감자, 대파, 떡 등의 재료를 넣어 함께 먹는 일종의 하얀 전골이에요.
국물만 잘 우러나면 맛있는 요리인데, 또 하나 중요한 것이 찍어 먹는 양념장이죠.
식당처럼 매운양념장(다대기)과 겨자간장을 만들어 찍어 먹고 칼국수와 밥까지 넣어 먹어요.

*ingredients*

닭 1마리(1.1kg)
감자 1~2개
대파(흰 부분) 2대
떡볶이떡 100g
칼국수 1인분
다진 마늘 2큰술
소금 약간
후춧가루 약간

**육수양념**
대파 1대
마늘 5개
피시소스 1큰술
통후추 1작은술

**매운양념장**
고운 고춧가루 1.5큰술
고춧가루 1.5큰술
다진 마늘 2큰술
물 2큰술
맛술 1큰술

**겨자간장**
물 4큰술
연겨자 2작은술
설탕 2큰술
식초 2큰술
간장 4큰술

1 닭이 충분히 잠길 정도의 물에 닭, 육수양념을 넣어 중불에서 30분 정도 삶는다.
- 닭다리의 발목뼈가 보일 때까지 익혀요.

2 닭은 건져 식혀 먹기 좋게 분리하고, 육수는 걸러둔다.

3 감자는 0.5cm 두께로 썰고, 대파는 길게 반 갈라 먹기 좋게 썰고, 떡은 물에 담가둔다.
- 청양고추 2~3개를 어슷하게 썰어 넣어도 좋아요.

4 냄비에 감자, 대파, 떡, 마늘, 닭육수를 넣고 중불로 5분간 끓인 후 닭을 넣어 5분간 더 끓인다.

5 소금, 후춧가루로 간하고 감자가 익을 때까지 끓인다.

6 매운양념장 재료, 겨자간장 재료는 각각 잘 섞어 닭한마리에 곁들여 먹는다.
- 겨자간장은 미리 만들어두는 것이 좋아요. 물 1큰술에 연겨자를 먼저 갠 후 나머지 재료를 넣어야 잘 섞여요.

7 건더기를 먹고 나면 칼국수를 따로 삶아 헹군 후 국물에 넣어 닭칼국수를 끓여 먹는다.
- 남은 국물에 다진 마늘을 풀어서 알싸하게 먹거나 매운양념장이나 진한 물김치를 넣어 얼큰하게 먹어도 좋아요.
- 칼국수를 먹고 나서 남은 국물에 밥을 넣어 닭죽을 끓여 먹어요.

***tip*** 양배추 1/4개를 채 썰고, 부추 1줌을 먹기 좋게 썰어 준비한 후 매운양념장 1큰술, 겨자간장 1큰술, 다진 마늘 1큰술을 넣고 무쳐서 곁들이면 좋아요.

# 곱창전골 2~4인분

구수하고 얼큰한 곱창전골은 대창과 곱창만 따로 굽고
모든 재료를 한데 모아 끓이면 완성되어 생각보다 어렵지 않아요.
양념도 육수에 바로 넣어 끓이는 레시피라 곱창만 있다면
좋아하는 채소를 넣어 언제든 만들어 먹을 수 있지요.
요즘은 손질된 내장이 많이 판매되니 집에서 도전해봐요.

*ingredients*

대창 200g
곱창 300g
알배춧잎 5장
대파(흰 부분) 2대
양파 1/2개
팽이버섯 1봉
부추 1줌
냉동우동사리 2개
사골육수 500ml
황태육수 500ml
(16쪽/혹은 물)

**양념**
설탕 1작은술
고운 고춧가루 4큰술
다진 마늘 2큰술
맛술 1큰술
국간장 1큰술
피시소스 1.5큰술
생강즙 0.3작은술(선택)
후춧가루 약간

**겨자간장**
물 1큰술
연겨자 1작은술
다진 마늘 1작은술
설탕 1큰술
식초 2큰술
간장 1큰술
후춧가루 약간

**1** 육수에 양념 재료를 넣어 잘 섞고, 겨자간장은 물 1큰술에 겨자를 먼저 갠 후 나머지 재료를 잘 섞는다.

**2** 배추, 대파는 길게 반 갈라 먹기 좋게 썰고, 양파는 채 썰고, 팽이, 부추는 먹기 좋게 썬다.

**3** 달군 팬에 대창을 먹기 좋게 잘라서 굽고, 곱창도 구워 먹기 좋게 자른 후 전골냄비에 대창, 곱창을 넣고 육수를 붓는다.

- 대창을 구울 때 나오는 기름은 취향에 따라 육수에 전부 넣거나 절반만 넣어요.

**4** 육수는 중불에서 15분간 끓이고 마지막에 육수를 200~300ml 정도 덜어 우동을 끓일 때 사용한다.

**5** 육수에 배추, 대파, 양파, 팽이를 넣어 중불에서 5~7분간 끓이고, 채소가 익으면 간을 보고 졸이듯이 살짝 더 끓인다.

- 칼칼하게 먹으려면 청양고추 2~3개를 어슷하게 썰어 넣어요.

**6** 우동을 넣고 끓이다가 우동이 거의 다 익으면 부추를 넣고 한소끔 더 끓여 겨자간장을 곁들인다.

- 국물이 모자라면 덜어둔 육수를 조금씩 부어가며 보충해요.
- 건더기를 먹고 남은 양념에 밥 1~2공기, 김가루, 부추, 참기름을 넣고 볶아 먹어요.

***tip***

- 곱창을 넣지 않고 대창만 사용할 때는 대창을 구울 때 나오는 기름을 전부 사용해요. 대창 외에 차돌박이나 샤부샤부용 소고기를 넣어 넉넉하게 먹어요.
- 더 진하고 얼큰한 맛을 원하면 고춧가루를 0.5큰술 줄이고 고추장 0.5큰술을 추가해요.

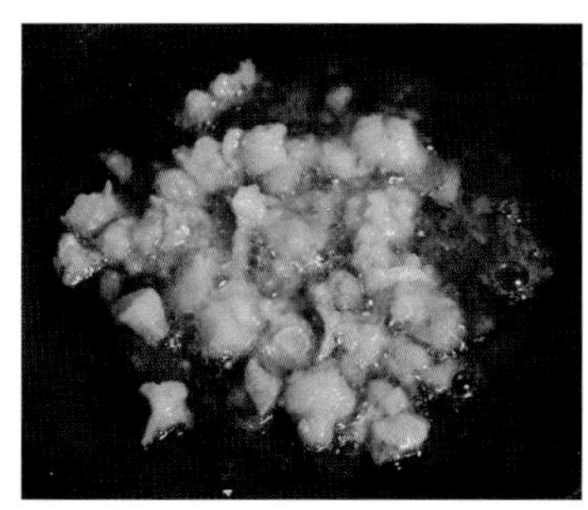

# 대창두부두루치기 3인분

양념이 자작한 두부두루치기에 대창을 넣었더니
대창의 기름지고 고소한 맛이 두부에 착 달라붙어 양념까지 너무 맛있어요.
대창을 사용해야 제일 맛있지만, 차돌박이나 대패삼겹살을 넣어도 괜찮아요.
두부는 시장에서 판매하는 국산 모두부나 마트용 초당두부를 사용하는 게 좋아요.

*ingredients*

대창 100g
두부 1모(550g)
양파 1개
대파(흰 부분) 2대
청양고추 3개
냉동우동사리 1개
황태육수+사골육수 500ml(16쪽)

**양념**

설탕 2작은술
고운 고춧가루 5큰술
다진 마늘 3큰술
다진 대파 3큰술
맛술 2큰술
간장 3큰술
후춧가루 약간

**1** 냄비에 육수, 양념을 넣어 중불로 끓이고, 끓어오르면 중약불에서 8~10분간 저어가며 끓여 국물에 농도를 만든다.

**2** 두부는 큼직하게 썰고, 양파는 채 썰고, 대파는 길게 반 갈라 먹기 좋게 썰고, 고추는 어슷하게 썬다.

**3** 대창은 길게 반 갈라 1cm 길이로 자르고, 달군 팬에 넣어 약간 센 불에서 대창이 익을 때까지 볶는다.

- 기름이 많이 튀니 뚜껑을 비스듬히 닫아 익히고, 뚜껑을 열 때 뚜껑의 수증기가 팬에 떨어지지 않게 조심히 열어서 볶아요.

**4** 육수에 대창, 두부를 넣어 약간 센 불에서 끓이고, 끓어오르면 육수 100ml를 덜어둔다.

- 두부가 바닥에 잘 붙으니 계속 저어가며 짜글짜글하게 완성해요.

**5** 양파, 대파, 고추를 넣고 중약불에서 8~10분간 끓인다.

**6** 건더기를 건져 먹고 난 후 냉동우동사리, 덜어둔 육수를 넣어 끓여 먹는다.

- 남은 국물에 밥을 넣고 끓이다가 달걀, 쪽파를 넣고 비비듯이 볶아서 먹어요.

# 육개장 4~5인분

얼큰하고 구수한 육개장은 손이 많이 가고
시간도 오래 걸리지만 한 솥 두둑이 만들어 놓으면 그만한 가치가 느껴질 만큼 맛있어요.
고기는 부드럽게 익고, 토란대, 대파, 버섯도 양념이 잘 배어드니
건더기도 넉넉히 담고 국물에 밥도 말아 푸짐하게 드세요.

*ingredients*

소고기(양지) 600g
황태육수 1000ml(16쪽)
무 1/4개
대파 2~3대
표고버섯 6개
느타리버섯 1팩
삶은 토란대 100g
삶은 고사리 100g(선택)

**양념**

고운 고춧가루 2큰술
고춧가루 1큰술
다진 마늘 3큰술
국간장 3큰술
간장 1큰술
고추기름 2큰술

**1** 달군 냄비에 소고기를 덩어리째 올려 약간 센 불에서 겉면을 노릇노릇하게 굽는다.

**2** 구운 소고기에 육수를 붓고 센 불에서 끓어오르면 거품을 제거하고, 뚜껑을 닫아 약불에서 1시간 정도 푹 끓인다.

**3** 삶은 고기는 건져 식혀 얇게 썰거나 찢는다.

**4** 무는 나박썰고, 대파는 길게 반 갈라 4cm 길이로 썰고, 표고는 얇게 썰고, 느타리는 가닥가닥 뜯고, 토란대는 먹기 좋게 썬다.

**5** 끓는 물에 대파를 20초간 눌러가며 데쳐 건지고 물기를 뺀다.

**6** 끓는 물에 표고를 데쳐 식히고, 느타리도 데쳐 물기를 꼭 짠 후 잘게 찢는다.

**7** 냄비에 토란대, 대파, 표고, 느타리, 양념 재료를 넣어 무치고, 소고기 삶은 육수, 무, 고기를 넣고 중약불에서 1시간 정도 푹 끓인다.

- 중간중간 물이 부족하면 뜨거운 물을 100ml씩 추가해 너무 졸아들지 않도록 해요.
- 숙주 1줌을 넣거나 먹기 전에 삶은 당면을 조금 넣어 끓여 먹으면 맛있어요.

# 파개장 4인분

육개장과 비슷하지만 재료를 최소화해 훨씬 간편하게 만들 수 있는 파개장이에요.
고기, 무, 대파에 양념만 들어가는데, 파를 아주 듬뿍 넣어서 진하게 끓였어요.
경상도식 얼큰소고기뭇국(120쪽)과 비슷하지만
고추기름과 고운 고춧가루가 들어가 맛과 모양새는 육개장에 가까워요.

*ingredients*

소고기(양지) 500g
무 1/3개
대파 4~5대(300g)
황태육수 1000m
(16쪽/혹은 사골육수)

**양념**

고운 고춧가루 2큰술
고춧가루 1큰술
다진 마늘 2큰술
국간장 3큰술
간장 1큰술
고추기름 1.5큰술

**1** 달군 냄비에 소고기를 올려 겉면을 노릇노릇하게 굽는다.

- 한우 암소고기를 사용하면 국물이 고소하고 맛있어요.

**2** 구운 소고기에 육수를 붓고 센 불에서 끓어오르면 거품을 제거하고, 뚜껑을 닫아 약불에서 1시간 정도 푹 끓인다.

**3** 삶은 고기는 건져 식혀 얇게 썰거나 찢는다.

**4** 무는 나박썰고, 대파는 길게 반 갈라 4cm 길이로 썬다.

**5** 끓는 물에 대파를 20초간 눌러가며 데쳐 건지고 물기를 뺀다.

**6** 소고기 삶은 육수에 무, 대파, 소고기, 양념 재료를 모두 넣어 센 불로 끓이고, 끓어오르면 뚜껑을 닫고 중약불로 줄여 40분간 끓인다.

- 중간중간 물이 부족하면 뜨거운 물을 100ml씩 넣어서 너무 졸아들지 않도록 해요.
- 얇게 송송 썬 대파를 얹어 먹으면 맛있어요.

# 소고기버섯샤부샤부 2인분

유명한 등촌샤부칼국수에서는 사골육수와 멸치육수가 조미된 연한 국물에
미원, 다시다, 국간장, 고추장, 고춧가루, 마늘, 후춧가루만으로 맛을 낸다고 해요.
단순한 양념 국물에 소고기와 각종 채소를 넣고 칼국수, 죽까지 끓여 먹다 보면
처음엔 약간 심심하지만 점점 진하고 깊은 국물을 맛볼 수 있을 거예요.

*ingredients*

소고기(샤부샤부용) 400~500g
알배춧잎 2장
대파(흰 부분) 1대
팽이버섯 1개
사골육수 500ml
황태멸치육수 500ml(16쪽)
칼국수 1인분

**육수양념**

고운 고춧가루 2큰술
다진 마늘 1.5큰술
국간장 2.5큰술
후춧가루 약간

**겨자간장**

물 1큰술
연겨자 1작은술
다진 마늘 1작은술
설탕 1큰술
식초 2큰술
간장 1큰술
후춧가루 약간

**1** 배추, 대파는 길게 반 갈라 어슷하게 썰고, 팽이는 밑동을 제거해 먹기 좋게 뜯는다.

**2** 겨자간장은 물 1큰술에 겨자를 먼저 갠 후 나머지 재료를 잘 섞는다.

**3** 냄비에 육수, 육수양념을 넣고 중불에서 끓인다.

**4** 끓어오르면 배추, 대파, 팽이를 넣어 배추가 투명해질 때까지 끓이고, 소고기를 넣어 익힌다.

**5** 잘 익은 채소와 고기를 그릇에 담아 겨자간장을 곁들여 먹는다.

**6** 끓는 물에 칼국수를 4분간 삶아 헹군 후 남은 샤부샤부 국물에 넣고 끓여 먹는다.

- 냉동칼국수를 사용할 때는 따로 삶지 않고 바로 넣어서 익혀도 좋아요.
- 칼국수를 먹은 후 밥을 넣고 푹 끓인 다음, 대파나 쪽파, 부추 등의 채소와 달걀을 넣어 익히다가 김가루, 참기름을 넣어 죽을 만들어요.

***tip*** 칼국수는 따로 삶아 70% 정도만 익힌 후 헹궈 넣으면 국물이 깔끔해요. 따로 삶지 않을 땐 겉의 밀가루가 거의 없는 제품을 골라 남은 밀가루를 꼼꼼히 털어내고 써요. 생칼국수면은 어느 정도 익을 때까지는 젓지 않고 그대로 두어야 완성 후에도 끊어지지 않아요.

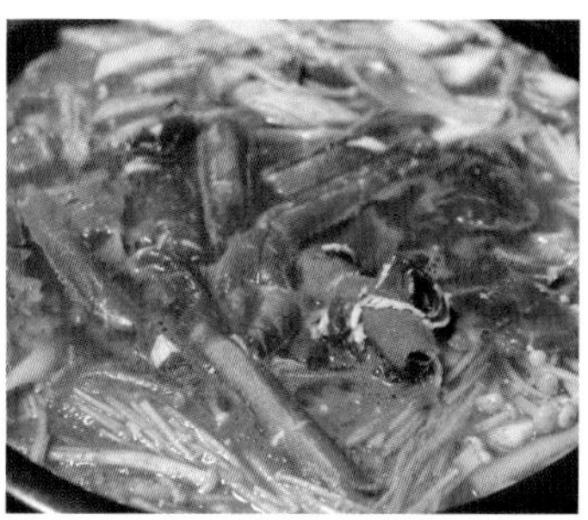

# 닭볶음탕

3~4인분

넉넉하고 푸짐한 메인 요리로 사랑받는 닭볶음탕은 우리에게 닭도리탕으로 더 친숙해요.
재료를 준비해서 냄비에 차례대로 시간 맞춰 넣은 후 끓이고 졸이는 음식이라
만드는 법이 복잡하지 않아요. 맛은 말하지 않아도 다 아시죠?
건더기를 먹고 나서 남은 양념에 밥을 볶아서 마무리해요.

*ingredients*

닭고기 1kg
당면 100g
감자 4개
양파 2개
양배추 2장
대파(흰 부분) 1~2대
마늘 1줌
황태육수 600ml
(16쪽/혹은 물)

**양념**

고운 고춧가루 4큰술
다진 마늘 3큰술
맛술 2큰술
간장 2큰술
조청 2큰술
고추장 1.5큰술
피시소스 2작은술
고추기름 1큰술
후춧가루 약간

**1** 당면은 찬물에 담가 1시간 이상 불린다.

- 두꺼운 당면은 3시간 이상 불리고, 전날 불려 냉장고에 두었다가 사용해도 좋아요.

**2** 감자, 양파, 양배추는 큼직하게 썰고, 대파는 어슷하게 썬다.

**3** 닭은 씻어서 물기를 제거하고, 달군 팬에 닭을 넣고 약간 센 불에서 겉면을 노릇노릇하게 굽는다.

- 닭 한 마리를 토막 낸 것은 끓는 물에서 5분간 데치거나 오븐에 구운 후 겉의 핏물을 닦아서 사용해도 좋아요.

**4** 냄비에 닭고기, 양념, 육수를 넣고 중불에서 끓인다.

**5** 끓어오르면 감자, 양파, 마늘을 넣어 끓이고, 닭고기와 감자가 80% 정도 익으면 대파, 양배추를 넣는다.

- 재료를 차례대로 넣고 저어가며 끓이면 25~30분 정도 걸려요.

**6** 닭고기와 감자가 거의 다 익으면 불린 당면을 넣고 당면이 투명해질 때까지 5~7분간 끓인다.

- 매콤한 맛을 좋아하면 당면을 넣기 전에 청양고추 2~3개를 어슷하게 썰어 넣어요.

***tip*** 매콤 짭짤한 맛이 부족할 것 같다면 당면을 넣기 전에 고운 고춧가루나 간장을 약간 더 넣어요. 당면이 다 익고 난 후 단맛이 부족하면 물엿을 추가해요. 국물이 많을 때는 라면사리를 1/2개 넣고 끓여 국물 양을 조절할 수 있어요.

# PART 6

알아두면 평생 써먹는

# 김치 & 장아찌

한 번 만들어두면 두고두고 편한 저장 반찬 김치와 장아찌,
그리고 많은 분들이 맛 내기를 어려워하는 무침과 나물 반찬입니다.
토속적이지만 그래서 더 자주 찾게 되는 음식을 만들어두면
집에서 오래오래 즐길 수 있어 좋아요.
식당에 가도 점점 반찬 수가 줄어 아쉬웠던 분들이라면 이 레시피를 꼭 기억하세요.

# 무생채

콜라비를 피시소스와 설탕으로 절여 물기를 빼고 아삭아삭하게 무친 생채예요.
부침개나 만두에 곁들여도 좋고 비빔밥에도 잘 어울려요.
무나 콜라비는 자라는 환경이나 계절에 따라 수분 함량과 단맛이 다르니
마지막에 간을 보고 피시소스와 조청을 추가해 입맛에 맞춰요.

*ingredients*

콜라비 500g(혹은 무)

**절임양념**

설탕 1큰술

피시소스 2큰술

**양념**

고춧가루 2큰술

다진 대파 1.5큰술

다진 마늘 1큰술

피시소스 1.5~2작은술

조청 1~1.5작은술

**1** 콜라비는 껍질을 벗겨 둥근 모양으로 얇게 썰고, 가늘게 채 썬다.

- 무를 사용할 때는 위쪽 푸른 부분을 쓰면 맛있어요.

**2** 콜라비에 절임양념을 넣어 버무리고, 2시간 정도 절이며 중간중간 뒤적인다.

**3** 절인 콜라비에서 나온 수분을 버린다.

**4** 콜라비에 고춧가루, 대파, 마늘을 넣고 무친 후 피시소스, 조청으로 간한다.

- 피시소스 1.5작은술을 넣어 간하고, 간이 맞으면 조청을 넣어서 단맛을 맞춰요.
- 간이 애매하면 몇 시간 정도 익히고 간을 본 후 피시소스와 조청을 추가해요.

# 구운아스파라거스장아찌

아스파라거스를 굽고 끓이지 않은 절임물에 담가 만드는 장아찌예요.
아스파라거스 특유의 고급스러운 맛이 나서 고기 요리에 곁들이면 제 가치를 해요.
아스파라거스의 아삭한 느낌이 살아 있으면서
새콤달콤하고 짭조름한 맛에 풋내가 튀지 않아 맨입에 먹어도 좋아요.

*ingredients*

아스파라거스 70g
(손질 후 500g)
올리브유 약간

**간장물**

설탕 5큰술(80g)
식초 6큰술(80ml)
간장 1.3큰술(20ml)
피시소스 1.3큰술(20ml)
물 5큰술(80ml)

**1** 아스파라거스는 밑동의 2~3cm를 부러뜨려 제거하고, 필러로 껍질을 얇게 벗겨 어슷하게 썬다.

- 아스파라거스는 신선하고 약간 굵은 것으로 골라요.

**2** 달군 팬에 올리브유를 두르고 약간 센 불에서 아스파라거스를 노릇노릇하게 4~5분간 굽는다.

**3** 구운 아스파라거스는 키친타월 위에 올려 충분히 식히고 겉면에 묻은 기름기를 키친타월로 하나하나 꼼꼼히 닦는다.

**4** 용기에 아스파라거스, 간장물 재료를 모두 넣어 뚜껑을 닫는다.

**5** 하루 동안 실온에서 숙성한 후 잘 저어서 설탕을 완전히 녹이고 냉장 보관한다.

- 다음날부터 먹을 수 있지만 냉장 보관해서 1주일 이상 숙성하면 더 맛있어요. 1달 내로 먹는 것이 좋아요.

***tip*** 구워서 만든 장아찌라 오일이 떠요. 특히 온도가 낮으면 굳은 오일이 뜨는데 먹는 데에는 전혀 문제가 없어요.

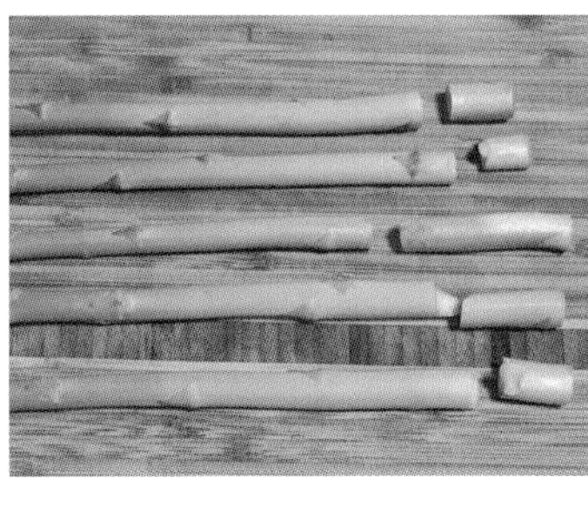

# 깻잎김치

갓 지은 흰 쌀밥에 깻잎김치만 있으면 다른 반찬이 필요 없어요.
그만큼 깻잎김치는 존재감이 강해서 만들어두면 금방 동이 나지요.
향긋한 깻잎에 고춧가루와 마늘, 간장, 액젓으로 맛깔스럽게 양념해 사계절 내내 즐겨요.

*ingredients*

깻잎 200장(300g)
쪽파 1줌(100g)

**양념**
고춧가루 8큰술(60g)
다진 마늘 5큰술(100g)
까나리액젓 5.5큰술(80ml)
간장 2.5큰술(40ml)

**1** 쪽파는 송송 썰어 양념 재료를 모두 넣고 잘 섞는다.

**2** 깻잎은 씻어서 체에 밭쳐 물기를 빼고, 키친타월로 물기를 완전히 제거한 후 꼭지를 짧게 자른다.

- 꼭지는 젓가락으로 집을 수 있을 정도로만 짧게 잘라요.

**3** 깻잎 2장 위에 양념을 조금씩 펴 바르는 과정을 반복해 깻잎과 양념을 켜켜이 쌓는다.

- 양념은 깻잎 가장자리를 남기고 가운데 70~80% 면적에만 발라요.

**4** 용기에 옮겨 닮아 냉장 보관하고, 다음날 꺼내어 숟가락으로 눌러 깻잎 사이사이의 공기를 빼 양념을 자박하게 만든다.

- 바로 먹을 수 있고, 냉장 보관하여 2주일간 먹을 수 있어요.

***tip***

- 깻잎김치는 깻잎 끄트머리까지 양념을 바르지 않아도 시간이 지나며 숨이 죽어 깻잎 전체가 양념에 잠겨요.
- 양념을 발라 실온에 2시간 정도 두면 깻잎에서 수분이 배어나와 부피와 높이가 줄어들며 용기에 들어가기 적당해져요.

# 보쌈무김치

3일 정도 짧게 익혀 바로 먹는 김치라 찹쌀풀을 넣지 않고

고춧가루로 농도를 내 달큼하게  맛을 냈어요.

익혀 먹을 때는 찹쌀풀 2큰술을 추가하면 시원한 맛이 나요. 계절에 따라

신선한 오징어회나 굴을 넣어서 무칠 때는 추가 재료의 양에 따라 양념을 10% 정도 늘려요.

*ingredients*

무 1/2개(1kg)
쪽파 1/2줌
물엿 5큰술(100g)
액젓 5큰술(80ml)
고운 고춧가루 1큰술(8g)

**양념**

고춧가루 4큰술(32g)
다진 마늘 2큰술(40g)
다진 생강 0.5큰술(7g)
새우젓 2큰술(30g)
물 2큰술(30ml)
(혹은 황태육수/16쪽)
조청 2큰술(50g)
뉴슈가 0.5~1작은술

**1** 무는 둥글게 썰어 약간 굵게 채 썰고, 무에 물엿, 액젓을 넣고 잘 섞어 4~5시간 정도 뒤적여가며 절인다.

**2** 양념 재료를 잘 섞어 김치양념을 만든다.

- 새우젓은 건더기를 꼭 짜서 국물을 쓰고, 남은 건더기도 칼로 곱게 다져서 넣어요.

**3** 쪽파는 4~5cm 길이로 썬다.

**4** 절인 무는 물에 헹구지 말고 그대로 물기를 꼭 짜서 고운 고춧가루를 넣고 비벼가며 버무린다.

- 물기를 짠 무는 채반에 펼치고 1~2시간 정도 살짝 꾸덕꾸덕하게 말려서 써도 좋아요.

**5** 무채에 김치양념을 넣어 골고루 무치고, 쪽파를 넣어 무친다.

**6** 용기에 꾹꾹 눌러 담아 실온에서 한두 번 뒤적여가며 6시간 정도 익힌 후 냉장 보관한다.

- 계절에 따라 더울 때는 6시간, 추울 때는 18시간까지 실온에서 익혀 냉장 보관해요.
- 3일 후부터 먹을 수 있고 1주일 후가 맛이 제일 좋아요. 2주 내로 먹어요.

# 보쌈무김치말이

보쌈무김치말이를 할 때는 일반 배춧잎 말고 알배춧잎을 사용하되,
큰 잎을 골라서 절여요. 절인 겨잣잎이나 절인 깻잎은 생략해도 되지만
알싸한 겨잣잎과 향긋한 깻잎이 한 장씩 들어갈수록 더 맛있어져요.
품이 드는 음식이지만 정성이 들어간 만큼 보기에도 좋고 맛도 좋은 메뉴예요.

*ingredients*

보쌈무김치 500g(244쪽)
알배춧잎 15장
겨잣잎 15장(선택)
깻잎 15장(선택)
소금 4큰술
물 800ml

**1** 알배추 중에 큼직한 배춧잎을 준비해 줄기 부분에 소금 2큰술을 뿌려 30분~1시간쯤 두어 숨을 죽인다.

- 배추로 무김치를 돌돌 말아야 하니 배춧잎을 낱장으로 떼어낼 때 잎이 찢어지지 않게 살살 분리해요.

**2** 물 400ml를 붓고 배추가 완전히 숨이 죽을 때까지 4~5시간 절여 물기를 꼭 짠다.

**3** 절인 배추는 지퍼백에 넣어 공기를 차단해 밀봉한 후 냉장 보관해 2일간 숙성하며 풋내를 없앤다.

- 숙성해야 배추에서 풋내가 나지 않아요.

**4** 볼에 물 400ml, 소금 2큰술을 넣어 완전히 녹이고, 겨잣잎, 깻잎을 담가 30분간 절인 후 물에 헹궈 물기를 꼭 짠다.

- 겨잣잎은 줄기를 칼등이나 밀대 등으로 찧어야 줄기와 잎이 균일하게 절여져요.

**5** 숙성한 절인 배추는 물에 헹궈 물기를 꼭 짠다.

**6** 배춧잎을 구겨지지 않게 펼쳐 겨잣잎-깻잎-보쌈무김치 순으로 얹고, 줄기를 위로 접어 올려 양끝을 오므린 후 돌돌 만다.

- 무김치 적당량을 잎채소 중간보다 약간 위에 얹고 배추로 무김치를 둘둘 감싸듯이 말면서 배추 가장자리를 안으로 여미듯 접은 후 굴려서 말아요.

**7** 한입에 먹기 좋게 김밥 썰듯이 썰어 보쌈 등에 곁들인다.

- 보쌈무김치말이는 시간이 지나면 수분이 나와 돌돌 만 것이 느슨해지니 3일 내로 먹고, 먹기 직전에 썰어요.

*tip*

보쌈을 삶으면서 겨잣잎과 깻잎을 30분 정도 절이고, 미리 만든 보쌈무김치와 절인 배추를 꺼내 보쌈무김치말이를 싸면 효율적이에요.

# 대파절임

대파를 가늘게 채 썰어 무친 파채무침도, 오래 절이는 장아찌도 아닌 초간단 절임이에요.
대파를 송송 썰고 가벼운 절임물에 담가 딱 20분만 절이면
고기 요리 등에 잘 어울리는 사이드 메뉴가 완성돼요.
한입 먹으면 상큼하고 기분 좋게 입맛을 돋우니 꼭 만들어보세요.

*ingredients*

대파 2대
고춧가루 1/4작은술

**절임물**
설탕 4큰술
물 4큰술
사과식초 4큰술
간장 1큰술
피시소스 1큰술

**1** 절임물 재료를 섞어 설탕이 완전히 녹을 때까지 잘 젓는다.

**2** 대파는 너무 얇지 않게 송송 썬다.

- 대파는 너무 얇거나 굵지 않은 중간 굵기의 대파를 골라, 억센 푸른 부분은 제외하고 흰 부분과 중간의 연한 푸른 부분만 사용해요.

**3** 절임물에 대파를 넣어 고춧가루를 뿌리고, 20분간 절여서 먹는다.

- 급할 때는 절임물에 잠긴 대파를 손으로 살짝 짓이기면 양념이 빨리 스며들어 바로 먹을 수 있어요.

***tip*** 삼겹살이나 돼지껍데기를 바삭하게 구워서 초장이나 볶음콩가루에 살짝 찍고 대파절임을 올려서 먹으면 맛있어요.

# 알배추무침

알배추무침의 양념은 모든 무침 요리의 기본이라고 할 수 있어요.
같은 양념으로 상추, 파채, 부추, 참나물, 숙주, 콩나물, 깻잎 등을 무칠 수 있지요.
무침이지만 간단한 샐러드 같기도 해서 그냥 먹기에도 좋고 고기 요리, 튀김 등에 잘 어울려요.

*ingredients*

알배춧잎 8~10장
양파 1/2개
고춧가루 0.5작은술
통깨 약간

**무침양념**
설탕 1큰술
식초 1큰술
피시소스 0.5큰술
참기름 1큰술

**1** 무침양념 재료를 섞어 설탕이 완전히 녹을 때까지 잘 젓는다.

**2** 배추는 채 썰고, 양파는 가늘게 채 썰어 찬물에 30분간 담갔다 건져 물기를 뺀다.

- 양파를 물에 담갔다 빼면 매운맛이 줄어요.
- 모든 채소는 물기를 제거해야 양념이 잘 묻어나요.
- 깻잎 15장을 채 썰어 넣어도 맛있어요.

**3** 볼에 배추, 양파, 고춧가루를 넣어 가볍게 무친다.

**4** 무침양념의 70%만 넣고 무쳐 간을 보고 양념을 더한 후 통깨를 뿌린다.

***tip*** 상추, 대파, 부추, 참나물 등 무쳐 먹기에 적당한 채소를 두루 사용해요. 가늘게 채 썬 대파를 무쳐 육전(104쪽)과 곁들여도 좋아요.

# 무말랭이무침

고춧잎을 불려서 넣는 대신 쪽파를 넣어 만든 무말랭이무침이에요.
무말랭이를 불릴 때는 황태육수를 사용하면 맛이 더 깊어지고,
양념에 일반 액젓 대신 삼게피시소스를 사용하면 더 맛있어요.
오독오독한 무말랭이와 매콤짭짤 달콤한 양념이 조화로워
밥반찬으로도 좋고 수육이나 족발에도 잘 어울려요.

*ingredients*

무말랭이 250g
쪽파 2줌(100g)

**양념**

고춧가루 10큰술(80g)
다진 마늘 4큰술(80g)
다진 생강 2작은술(10g)
액젓 5.5큰술
(80ml/혹은 피시소스)
조청 6큰술(140g)

**1** 무말랭이는 힘줘서 문질러가며 헹궈 물기를 꼭 짠다.

**2** 볼에 무말랭이를 넣고 무말랭이가 완전히 잠길 만큼의 물을 부어 3~4시간 정도 불린다.

- 접시나 무거운 것을 올려 무말랭이가 물에 잠기도록 만들어요.

**3** 불린 무말랭이는 2번 정도 헹궈 물기를 꼭 짜고, 쪽파는 무말랭이와 비슷한 길이로 썬다.

- 쪽파의 흰 대가 굵으면 길게 반 갈라서 썰어요.

**4** 무말랭이에 양념 재료를 넣고 무치다가 쪽파를 넣어 무친다.

**5** 용기에 무말랭이를 담아 냉장실에 넣고, 1주일 후 무말랭이를 위아래로 뒤집어 위치를 바꿔준다.

- 3일 정도 익히면 먹기 좋고, 2~3주까지 두고 먹을 수 있어요.

***tip***

◦ 용기 대신 비닐팩에 넣어 공기를 빼고 이중으로 포장하면 공기가 차단되어 더 잘 보관돼요. 용기에 담은 무말랭이는 윗부분이 살짝 말라 있지만, 비닐팩에 넣은 것은 마르지 않아요.

◦ 단맛은 입맛에 따라 가감할 수 있지만 조청 140g을 넘기지 않는 게 좋아요.

# 쌈무

무를 얇게 슬라이스해서 만드는 피클인 쌈무에
피시소스를 추가해 풍미를 살려 일반적인 쌈무보다 더 맛있어요.
아삭아삭하고 상큼해서 고기 요리나 해산물 요리에 곁들이면 좋지요.
당근을 함께 넣어 만들면 무와 식감이 달라 건져 먹는 재미가 있어요.

*ingredients*

무 1kg

**절임물**

물 240ml

설탕 1컵(200g)

사과식초 1컵(200ml)

피시소스 4큰술(60ml)

**1** 무는 껍질을 벗기고 슬라이스채칼로 둥글고 얇게 썬다.

- 무 800g, 당근 200g을 섞어서 만들어도 좋아요.

**2** 냄비에 물, 설탕을 넣고 중불에서 설탕이 녹을 때까지 끓인다.

**3** 식초를 넣어 불을 끄고 피시소스를 섞어 완전히 식힌다.

**4** 용기에 무를 넣어 절임물을 붓고, 뚜껑을 덮어 실온에서 하루 동안 익힌 후 냉장 보관한다.

- 다음날부터 먹을 수 있고 2~3달까지 보관할 수 있어요.

***tip***

◦ 무 사이사이에 깻잎을 켜켜이 넣으면 깻잎무쌈이 돼요.

◦ 식촛물이 식으면 고추냉이분말 1작은술을 넣고 잘 녹여 고추냉이쌈무를 만들어도 좋아요.

◦ 절임물은 끓이지 않고 설탕을 녹여서 만들어도 괜찮지만, 이때는 실온에서 숙성하지 말고 처음부터 꼭 냉장 보관해요.

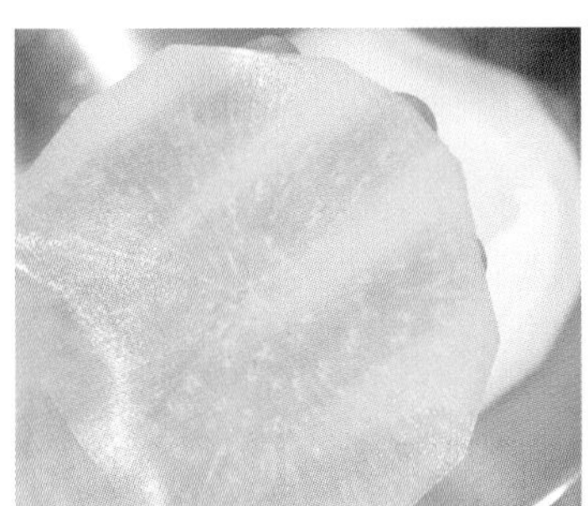

# 명이장아찌

명이는 향이 강해서 맛을 복잡하게 하는 육수보다는 물을 사용해 만드는 게 깔끔해요.
명이는 수확 직후부터 잎끝이 누렇게 바래기 시작하니 사오자마자 바로 조리하는 게 좋습니다.
하루 정도 두어야 하면 줄기 끝을 물에 담가 냉장 보관해요.

*ingredients*

명잇잎 1kg

**간장물**

설탕 1/2컵(100g)
물 300ml
양조간장 300ml
사과식초 200ml
조청 4큰술(100g)

**1** 명이는 줄기를 짧게 남기고 잘라 깨끗이 씻고, 키친타월로 물기를 완전히 제거한다.

**2** 냄비에 간장물 재료를 넣고 섞어 설탕이 녹을 때까지 잘 젓는다.

**3** 간장물을 중불에서 끓여 끓어오르면 불을 끄고 완전히 식힌다.

- 간장물 재료에서 식초만 제외하고 한 번 끓인 후 불을 끄고 식초를 넣어도 좋아요.

**4** 간장물에 명이를 넣고 잎 전체를 적셔가며 누른다.

- 처음엔 간장물이 매우 모자라 보이지만 조금 지나면 명이를 덮을 정도로 차올라요.

**5** 냄비 안에서 명이가 간장물에 충분히 잠기면 용기에 담아 냉장 보관해 1달 정도 숙성한다.

- 접시를 엎어서 뚜껑을 닫거나, 누름 용기를 사용해요. 김장봉투에 담아서 밀봉한 후 용기에 담아도 좋아요.
- 1달 정도 숙성해서 먹고, 냉장 보관해서 1년 이상 두고 먹을 수 있어요.

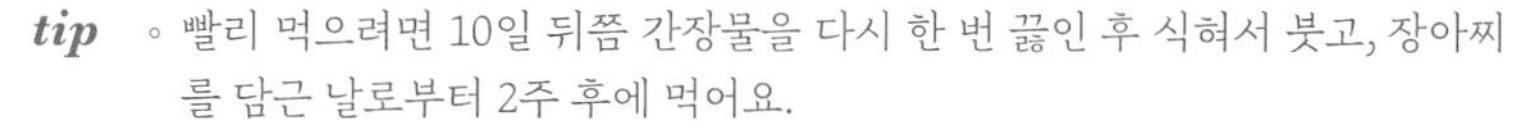

***tip***

- 빨리 먹으려면 10일 뒤쯤 간장물을 다시 한 번 끓인 후 식혀서 붓고, 장아찌를 담근 날로부터 2주 후에 먹어요.
- 명이는 뜨거운 물과 닿으면 향이 급속하게 휘발되니 간장물을 완전히 식혀서 담아요.

# 알배추김치

알배추 1포기로 만드는 간단한 기본 김치예요.
크고 묵직한 알배추 1통 기준이라 알배추가 작고 가벼우면 1.5포기를 사용해요.
김장김치가 떨어졌거나 바로 담근 김치를 먹고 싶을 때 간편하게 담가 먹을 수 있고,
알배춧잎이 부드러워 바로 먹기에도 좋아요.

*ingredients*

알배추 1포기
쪽파 1줌
물 1000ml
소금 6큰술

**찹쌀풀**
황태육수 6큰술+2작은술
(100ml/16쪽/혹은 물)
찹쌀가루 1큰술

**양념**
고춧가루 6큰술(100g)
고운 고춧가루 2큰술
다진 마늘 2큰술
다진 생강 0.5작은술
다진 새우젓 1.5큰술
까나리액젓 2~2.5큰술
조청 0.5큰술
사과즙 50ml

**1** 알배추는 잎을 낱장으로 떼고 먹기 좋게 한입 크기로 썬다.

**2** 물에 소금을 넣어 완전히 녹이고, 배추를 담가 3~4시간 정도 절인다.

**3** 냄비에 찹쌀풀 재료를 넣어 뭉친 부분 없이 풀고, 약불에서 3~5분간 저어가며 끓여 되직한 찹쌀풀을 만든 후 완전히 식힌다.
- 찹쌀가루 덩어리는 체에 올려 으깨면 편해요.
- 충무김밥(48쪽)의 전자레인지로 만든 찹쌀풀처럼 간편하게 만들어도 좋아요.

**4** 식힌 찹쌀풀에 양념 재료를 모두 넣고 잘 저어 김치양념을 만든다.

**5** 절인 배추는 흐르는 물에 헹궈 물기를 꾹 짜고, 쪽파는 4~5cm 길이로 썬다.

**6** 배추, 쪽파를 섞은 후 김치양념을 넣어 골고루 버무린다.

**7** 용기에 담아 공기가 최대한 덜 닿도록 꽉 눌러 담아 냉장 보관한다.
- 만들자마자 바로 먹을 수 있고 1주일 정도 익히면 맛있어요.

***tip***
- 양파 1/2개를 채 썰어 넣어도 좋아요.
- 사과즙은 첨가물 없는 100% 착즙사과주스나 사과 1/2개를 갈아서 면포에 올린 후 즙을 짜서 사용해요.

# 양파장아찌

양파에 피시소스가 첨가된 절임물을 넣은 후 양파의 톡 쏘는 향과
피시소스의 콤콤한 향을 날려서 만든 유통기한 한 달짜리 양파장아찌예요.
처음에는 절임물이 적어서 장아찌가 맞나 싶지만 하룻밤 지나면
양파에서 나온 수분으로 자박해지고, 잘 익으면 절임물의 양이 적당해지며 간이 딱 맞아요.
새콤달콤하면서 감칠맛이 돌아 자꾸 손이 간답니다.

*ingredients*

양파 1kg

**절임물**

설탕 150g

사과식초 150ml

간장 37ml

피시소스 37ml(친수피시소스)

**1** 양파는 먹기 좋은 크기로 나박썬다.

**2** 큰 볼에 양파, 설탕, 식초, 간장, 피시소스를 넣고 뚜껑을 닫지 않은 채 24시간 이상 실온에 둔다.

- 뚜껑을 닫으면 양파와 피시소스 냄새가 용기 안에 갇혀 냄새가 강해져요. 뚜껑을 열어두면 양파의 톡 쏘는 냄새와 피시소스 특유의 향이 날아가 맛이 부드러워져요.

**3** 양파를 넣고 피시소스 냄새가 충분히 휘발되도록 2일 정도 뚜껑을 열어 익히다가 뚜껑을 닫아 냉장 보관한다.

- 2일 후부터 먹을 수 있고 냉장 보관해 1달 정도 두고 먹어요.
- 계절에 따라 다르지만 1주일 이상 냉장 보관해야 맛있어요.

***tip***

- 청양고추를 송송 썰어 넣어도 좋고 설탕은 100g까지 줄여도 괜찮아요.
- 양파를 채 썰고 양파장아찌 절임물을 넣어 양파절임으로 만들 수 있어요.
- 남은 간장물은 새콤해서 고기보다는 채소에 잘 어울려요. 고기에 곁들이는 양파샐러드 소스로 사용할 때 고추냉이를 약간 넣어도 맛있어요.

# 미니오이소박이

오이 절임물을 7% 소금물로 만들어서 만들자마자 먹으면
약간 싱겁지만 3일 후에는 밥반찬으로 먹기 딱 좋게 매콤하고 짭짤해요.
일반 오이를 쓸 때는 너무 굵지 않은 오이로 1~1.2kg을 사용해요.
오이는 가시가 서 있는 것을 고르고,
오이 속에 씨가 크고 많으면 씨를 적당히 제거하고 만들어요.

*ingredients*

미니오이 20개(1~1.2kg)
부추 1/2줌
쪽파 1/2줌
물 적당량
소금 적당량

**찹쌀풀**

황태육수 6큰술+2작은술
(100ml/16쪽)
찹쌀가루 1큰술

**양념**

고운 고춧가루 1.5큰술
고춧가루 5큰술
다진 마늘 2.5큰술
다진 생강 1작은술
새우젓 1.5큰술
까나리액젓 2큰술
조청 1큰술

**1** 미니오이는 양쪽 꼭지를 자르고, 부추, 쪽파는 2cm 길이로 썬다.

**2** 큰 볼에 오이, 오이가 잠길 정도의 물을 붓고, 다시 오이만 건져 물의 양을 잰 후 7%의 소금물을 만든다.

- 물의 양×7.7%로 계산해서 물이 1300ml라면 소금 100g, 물이 1500ml라면 소금 115g을 넣어요. (1300×0.077=100.1, 1500×0.077=115.5)

**3** 소금물에 오이를 다시 담가 4~5시간 이상 절인다.

**4** 황태육수에 찹쌀가루를 넣고 잘 섞은 후 전자레인지에 넣고, 매번 저어가며 20초-20초-10초-10초-10초-10초-10초씩 총 7번 동안 90초간 가열해 찹쌀풀을 만든다.

**5** 찹쌀풀을 완전히 식힌 후 양념 재료를 모두 넣어 잘 섞고, 부추, 쪽파를 넣어 숨이 죽고 고춧가루가 붇도록 2~3시간 숙성한다.

**6** 절인 오이는 겉면의 물기를 닦고 십자 모양으로 깊게 칼집을 낸다.

**7** 칼집 사이에 김치양념을 꼼꼼히 채우고 오이 겉면은 가볍게 훑어 양념을 묻힌다.

**8** 오이에 공기가 최대한 덜 닿게 누르며 용기에 빼곡하게 담고 뚜껑을 닫아 냉장 보관한다.

- 만들자마자 바로 먹을 수 있고 2~3일 정도 익히면 가장 맛있어요. 1주일 내로 먹는 것이 좋아요.

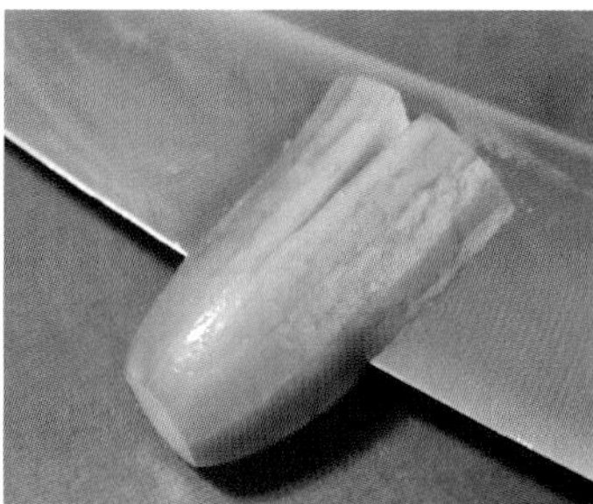

# 명이김치

향긋하고 깔끔한 맛의 명이김치는 제철인 봄에 담아 두고 먹으면
익을수록 더 맛있어져요. 명이김치에는 간장을 넣지 않고 액젓만 사용하는데,
양념을 너무 넉넉하게 바르면 짜게 완성되니 스치듯이 발라주는 게 포인트예요.
명이의 양을 3배로 늘려 만들 때는 양념 분량을 2.5배 정도로 조절하세요.

*ingredients*

명잇잎 350g

**양념**

쪽파 100g
고춧가루 7.5큰술(60g)
다진 마늘 5큰술(100g)
액젓 5.5큰술(80ml)
간장 2.5큰술(40ml)

**1** 양념 재료의 쪽파는 송송 썰고, 나머지 양념 재료를 잘 섞어 김치양념을 만든다.

**2** 명이는 깨끗이 씻어 키친타월로 물기를 완전히 제거한다.

- 명이 줄기가 너무 길면 줄기만 따로 잘라 장아찌를 만들어도 좋아요.

**3** 명이에 김치양념을 켜켜이 바르고, 중간중간 줄기에도 양념을 훑는다.

- 한 손에는 비닐장갑을 끼고 한 손으로 숟가락을 든 채 명이에 양념을 조금씩 발라요.

**4** 명이의 숨이 죽으면 김장봉투나 비닐에 넣어 공기를 빼고 묶어서 실온에서 하루 동안 익힌다.

- 양념이 빡빡해서 용기에 담으면 명이가 양념에 잠기지 않아 잘 익지 않아요.
- 익히는 동안 비닐이 빵빵해지면 다시 공기를 빼고 묶어요.

**5** 봉투째 용기에 넣고 냉장 보관하여 최소 1~2주 정도 익혀 먹는다.

- 공기 접촉을 최소화하면 최대 1년까지 두고 먹을 수 있어요.

*tip*

- 울릉도종 명이는 잎이 커서 반으로 찢어 밥에 올리면 적당하고, 오대산종 명이는 잎이 작아서 하나씩 먹어도 간이 맞아요.
- 명이는 실온에서 빠르게 누래지니 명이를 사기 전에 김치양념을 먼저 만들어서 냉장고에 넣어두면 편해요.

# 짭짤이토마토장아찌

단단하고 푸른 짭짤이토마토로 만드는 토마토장아찌는
오랜 기간 숙성 후 얄팍하게 썰어 먹어야 맛있어요.
속은 아삭하고 새콤한데 은근하게 짭짤하고 달콤해서 색다른 맛을 즐길 수 있지요.
기름진 음식이나 양식에 잘 어울리고, 와인안주나 치즈플래터에 곁들여도 좋아요.

*ingredients*

짭짤이토마토 7개

**간장물**

설탕 100g

물 200ml

식초 100ml

간장 200ml

**1** 냄비에 간장물 재료를 넣고 섞어 설탕이 녹을 때까지 잘 젓는다.

**2** 간장물을 중불에서 끓여 끓어오르면 불을 끄고 완전히 식힌다.

**3** 토마토는 꼭지 부분에 얕은 홈을 파 꼭지를 떼고, 토마토 과육 끝은 살짝 깎아 간장물이 스며들 공간을 만든다.

- 잘라서 쓰면 토마토 속 과육이 간장물과 섞여 보관성이 좋지 않으니 통째로 담아요.

**4** 용기에 토마토를 차곡차곡 담아 간장물을 부어 냉장고에 넣고, 최소 6달 이상, 최대 1년 후에 개봉한다.

- 접시를 엎어서 뚜껑을 닫거나, 누름 용기를 사용하거나, 김장봉투에 담아서 밀봉한 후 용기에 담아요.

***tip***

◦ 용기나 토마토 크기 및 배열에 따라 간장물이 추가로 필요할 수 있어요.

◦ 짭짤이토마토는 겉면에 세로로 줄이 골골이 가 있는 것을 고르고, 크기는 약간 작다 싶은 게 좋아요.

◦ 토마토장아찌는 다른 장아찌에 비해서 천천히 익으니 잘 밀봉해서 최소한 6달이 지난 후에 개봉해요.

## 인덱스

## 재료별 인덱스

# 집밥 수업

**초판 1쇄 발행** 2021년 12월 10일
**초판 6쇄 발행** 2023년 8월 16일

**지은이** 이윤정
**펴낸이** 이경희

**펴낸곳** 빅피시
**출판등록** 2021년 4월 6일 제2021-000115호
**주소** 서울시 마포구 월드컵북로 402, KGIT 16층 1601-1호
**이메일** bigfish@thebigfish.kr


ISBN 979-11-91825-25-1 13590